Walter Zimmermann

Erfolg durch Effizienz

Walter Zimmermann

Erfolg durch Effizienz

Mit weniger Aufwand mehr erreichen

Bibliografische Information der Deutschen Bibliothek

Die Deutsche Bibliothek verzeichnet diese Publikation in der
Deutschen Nationalbibliografie; detaillierte bibliografische
Angaben sind im Internet über http://dnb.ddb.de abrufbar.

ISBN 3-89749-433-7

Projektmanagement und Lektorat: Dr. Sonja Klug, Bad Honnef
Zeichnungen: Olaf Dettmann, Nürnberg
Umschlaggestaltung: +malsy Kommunikation und Gestaltung, Bremen
Umschlagfoto: Zefa Visual Media, Hamburg
Satz: Lohse Design, Büttelborn
Druck: Salzland Druck, Staßfurt

© 2004 GABAL Verlag GmbH, Offenbach

www.gabal-verlag.de

Inhalt

Vorwort

Effizienz ist ein wichtiges Thema, und zwar in nahezu allen Lebens- und Unternehmensbereichen. Wussten Sie, dass zum Beispiel auch im Sport und im Bereich der zwischenmenschlichen Beziehungen der Erfolg sehr häufig von der Effizienz abhängt?

Dazu ein Beispiel: Beim Skifahren ist Effizienz gleichbedeutend damit, schnellstmöglich das Ziel zu erreichen. Und das funktioniert nur, wenn man die richtige Technik anwendet. Neuere Techniken verringern die Zeiten. Vor einigen Jahren führten beispielsweise die neuen Carvingskier zu einer Effizienzsteigerung: Diese „taillierten" Skier bewirken im Gegensatz zu den älteren „geraden" Skiern, dass sich der Slalomkurs in kürzerer Zeit fahren lässt.

Neue Techniken beim Skifahren

Ähnlich verhält es sich mit den Kippstangen. Diese Stangen, die den Slalomkurs auf der Piste markieren, waren früher starr und unbeweglich – mit der Folge, dass sich der Slalomfahrer verletzen konnte, wenn sein Abstand zur Stange nicht groß genug war. Das wiederum führte dazu, dass jeder Fahrer automatisch in einem größeren Bogen als notwendig um die Stangen herumfuhr und damit letztlich für den Slalomkurs mehr Zeit benötigte. Mit der Einführung der Kippstangen – die automatisch bei Berührung umkippen, ohne den Skifahrer zu verletzen – änderte sich dies. Es können nun problemlos bessere Zeiten gefahren werden. Dies ist ein kleines Beispiel dafür, wie der Einsatz sogar nur leicht verbesserter Techniken – Walter Zimmermann würde hier von „Strategien" sprechen – die Effizienz merklich erhöht, in diesem Falle also zu einem Zeitgewinn führt, der im Sport immer „medaillenverdächtig" ist.

Auch im Bereich der Beziehungen kann Effizienz uns weiterbringen. Effizienz bedeutet hier: Konzentration auf das Richtige – zur richtigen Zeit am richtigen Ort sein, um die richtigen Leute kennen zu lernen, die einem weiterhelfen. Durch Pflege von Beziehungen wird man nicht nur „reich", sondern kann auch die Gunst des Augenblicks geschickt nutzen. Und das erspart uns häufig lange und mühselige – ineffiziente – Umwege.

Effizient in Beziehungen

Wir freuen uns, dass sich unser Kollege Walter Zimmermann erstmals des wichtigen Themas „Effizienz" angenommen hat. Mit dem vorliegenden Buch haben Sie nun Gelegenheit, sowohl Ihre ganz persönliche Effizienz als auch die Effizienz in Ihrem Unternehmen erheblich zu steigern. Das Resultat kann nur positiv sein: Sie erreichen für sich persönlich eine höhere Lebensqualität und in Ihrem Unternehmen mehr Erfolg, bessere Ergebnisse – sprich: höhere Erträge – bei gleichem Zeit- oder Arbeitseinsatz. Viel Erfolg wünschen Ihnen

Alfred J. Kremer und Christa Kinshofer (www.multiconsult-muenchen.de)

Alfred J. Kremer ist Autor des Bestsellers *Reich durch Beziehungen* (München 2001). Zusammen mit Christa Kinshofer hat er das Buch *Fit for Success* (München 2001) verfasst.

Einführung

Was ist und was bedeutet „Effizienz"? Das Wort leitet sich vom lateinischen „efficere" ab, was so viel wie „hervorbringen, bewirken" bedeutet. Effizienz bewirkt also etwas. Was bewirkt sie? Effizienz sorgt dafür, dass wir rationell vorgehen, also die vorhandenen Ressourcen wie Zeit, Geld und Mitarbeiter so sparsam wie möglich einsetzen. Die bekanntere Schwester der Effizienz ist die „Effektivität". Auch sie bewirkt etwas. Effektivität sorgt dafür, dass wir auf ein Ziel ausgerichtet sind.

> Während sich die Effektivität auf ein Ziel konzentriert, ist die Effizienz auf das Wie, auf den Weg zum Ziel, ausgerichtet.

Man kann es auch anders formulieren: Effektivität sorgt dafür, dass wir die richtigen Dinge tun, Effizienz hingegen legt den Fokus darauf, dass wir die Dinge *auf die richtige Weise* tun.

Viel Zeit und Wert wird heutzutage in den Unternehmen auf die Festlegung von Zielen, also auf die Effektivität, gelegt. Geschäftsziele werden festgelegt, überprüft, infrage gestellt und wieder neu definiert. Die Effizienz jedoch – die Art und Weise, wie die Ziele von den Mitarbeitern erreicht werden – tritt demgegenüber in den Hintergrund. Effizienz scheint die hässliche Stiefschwester zu sein, der man weniger Beachtung schenkt. Oft gewinnt man den Eindruck, es sei wichtiger, Ziele zu haben, als diese auch zu erreichen.

Wie und ob Ziele erreicht werden, ist eine Frage des *Handelns*. Deshalb befasst sich das Buch auch immer wieder mit der Schnittstelle zwischen Wissen und Handeln. Denn Effizienz ist der Transmissionsriemen oder der Motor zur Zielerreichung. Sie trägt dazu bei, das Verhältnis von Input zu Output zu verbessern – also dazu, mit gleichem Aufwand mehr zu leisten oder mit weniger Aufwand genauso viel zu leisten.

Transmissionsriemen zur Zielerreichung

Es geht darum,

▨ wo und wie Ressourcen – insbesondere menschliche Ressourcen, aber auch Zeit und Geld – sinnvoll eingesetzt werden können und wie sich dies messen lässt,

▨ wo überall durch Verschwendung, Verzettelung, „Nebenschauplätze" und Alibitätigkeiten Ressourcen vergeudet werden, so dass die Zielerreichung gefährdet ist oder auf teuren Umwegen erkauft wird,

▨ wo unerkannte Effizienzpotenziale schlummern und zum Leben erweckt werden können und

▨ wie sich die bestmöglichen – die effizientesten – Wege und Möglichkeiten zur Zielerreichung finden und gehen lassen.

Effizienz hat immer zwei Seiten: die persönliche und die unternehmerische. Beide greifen, insbesondere im Hinblick auf die Mitarbeiter im Unternehmen, ineinander. Das Buch wendet sich daher sowohl an den Einzelnen, der seine Effizienz – gleich in welchen Lebensbereichen – verbessern möchte, als auch an Unternehmer und Führungskräfte, die in ihrem Unternehmen oder Bereich den Wirkungsgrad ihres Tuns bzw. des Tuns ihrer Mitarbeiter erhöhen möchten.

Persönliche und unternehmerische Effizienz

Aufbau des Buches Das Buch ist folgendermaßen gegliedert:

- Kapitel 1 grenzt die Effizienz von „Nachbargebieten" wie Effektivität und Zeitmanagement deutlich ab. Es zeigt aber auch die Überschneidungen und Verknüpfungen zwischen den Bereichen. Einige eindrucksvolle Statistiken belegen zudem, wie sehr der Effizienzgrad in deutschen Unternehmen in den vergangenen Jahren gesunken ist und wie man sich langsam auf einen Paradigmenwechsel vorbereitet.

- Kapitel 2 definiert die grundlegenden Faktoren der Effizienz: Fachwissen, Fähigkeiten, Motivation, Strategie und Profitressourcen.

- Kapitel 3 zeigt die Mittel und Wege zur Steigerung der Effizienz im persönlichen Bereich auf. Sie können die vorgeschlagenen Methoden sowohl beruflich als auch privat anwenden. Falls Sie Ihre Effizienz in einem ganz bestimmten Bereich erhöhen wollen, dann ist es sinnvoll, wenn Sie bereits diesen Bereich von Anfang an beim Lesen im Gedächtnis behalten. Beantworten Sie die Fragen des Kapitels im Hinblick auf diesen Bereich anstatt nur „allgemein".

- Kapitel 4 zeigt, wie sich die Effizienz im unternehmerischen Kontext erhöhen lässt. Es wendet sich daher an Führungskräfte und Unternehmer. Viele Unternehmensbeispiele demonstrieren sowohl gelungene Effizienz wie auch Ineffizienz durch Verschwendung von Ressourcen.

- In Kapitel 5 werden die sechs zentralen Gesetze der Effizienz, die das Buch wie einen roten Faden durchziehen, noch einmal zusammengefasst.

Dieses Buch ist nicht nur als Lese-, sondern auch als Arbeits- **Arbeitsbuch**
buch konzipiert. Anhand der Aufgaben in jedem Kapitel
haben Sie die Gelegenheit, sich selbst bei der Vergeudung von
Ressourcen auf die Schliche zu kommen und an sich zu
arbeiten. Nutzen Sie diese Chance! Denn das Buch nur zu
lesen, es aber nicht anzuwenden, bringt Sie nicht weiter – es
macht Sie *nicht* effizienter.

Vielleicht kommen Ihnen viele der im Buch vorgestellten **Einfach tun!**
Methoden einfach vor – nach dem Motto: „Das habe ich
doch schon immer gewusst." *Die Methoden sind einfach!*
Schwierig ist häufig die Umsetzung, das Handeln – getreu der
Aussage von J. W. Goethe:

> „Es verdrießt die Menschen, dass das Geniale so einfach
> ist. Sie vergessen, dass sie noch Mühe genug haben, es um-
> zusetzen."

Viel Erfolg auf Ihrem Weg zur Effizienz!

Walter Zimmermann   Kaltental, Februar 2004

1. Effizienz – heute nötiger denn je

Effizienz und Effektivität Der Begriff „Effizienz" taucht im Gegensatz zur „Effektivität" in wirtschaftlichen Zusammenhängen bisher eher selten auf. Entsprechend oft werden beide miteinander verwechselt, obwohl sie ganz unterschiedliche Sachverhalte bezeichnen. Während Effektivität *ziel*bezogen ist, ist Effizienz *handlungs*bezogen.

> **Effizienz ist der Wirkungsgrad der eingesetzten Energie (z. B. Zeit, Arbeitsaufwand oder Geld) im Verhältnis zum erzielten Ergebnis, und zwar in Bezug auf ein vorgegebenes Ziel.**

Diese Definition lässt sich sowohl auf die Arbeitswelt anwenden, als sie auch im physikalischen Sinne gilt. Wenn ein Motor z. B. acht Liter Benzin (= Energie) auf 100 Kilometer (= Ergebnis) verbraucht, dann ist er effizienter als einer, der zwölf Liter auf 100 Kilometer verbraucht. Und wenn ein Außendienstmitarbeiter mit drei Kunden 21.000 Euro Umsatz macht, ist er effizienter, als wenn er mit drei Kunden nur 10.000 Euro Umsatz macht.

Persönliches Verhalten bestimmt Effizienz Effizienz ist im Unternehmen wie auch im persönlichen Management praktisch unentbehrlich. Besonders im persönlichen Bereich – gleich ob beruflich oder privat – hängt Effizienz sehr stark von individuellen Verhaltensweisen ab. Weil Menschen Gewohnheitstiere sind, schleifen sich viele Verhaltensmuster bei uns über die Jahre so ein, dass sie nicht mehr infrage gestellt werden, auch wenn sie ineffizient sind. Gerade solche Verhaltensweisen auf der persönlichen Ebene wollen wir uns in Kapitel 3 näher anschauen und durch effizientere ersetzen. Häufig gelingt dies einfach dadurch, dass wir den Blickwinkel verändern oder unsere Selbstorganisation verbessern. Dann lässt sich oft mühelos die Arbeitsleistung erhöhen, ohne dass mehr Zeit aufgewendet werden muss.

Effizienz ist die Fähigkeit, weniger zu tun und dabei mehr zu leisten. Effizienz erhöht somit die Lebensqualität.

Effizienz und Effektivität, eine Hassliebe

Effektivität konzentriert sich auf das Setzen angemessener *Ziele,* also auf das *Was.* Effizienz hingegen richtet den Blick auf den *Weg* zum Ziel, also auf das *Wie.* Ohne vorgegebenes Ziel kann man demnach nicht effizient sein. Den Maßstab von Effizienz anzulegen bedeutet immer, bereits ein Ziel klar vor Augen zu haben.

Zwischen Effektivität und Effizienz gibt es ein Spannungsverhältnis, eine „Hassliebe", wie ich es nenne. Es besteht nämlich häufig die Neigung, in die eine oder die andere Richtung zu übertreiben, indem vor lauter Effektivität die Effizienz aus den Augen verloren wird oder umgekehrt. Wer z. B. auf der Autobahn bei bestem Wetter und ohne Stau mit 170 Kilometer pro Stunde fährt, mag effizient sein. Doch wenn er Richtung Hamburg fährt, obwohl sein Ziel München ist, dann ist er dabei ineffektiv.

Spannung zwischen Effektivität und Effizienz

Angenommen, ein Automobilhersteller bringt ein neues Modell auf den Markt und produziert es mit 40 % weniger

Effizient, aber nicht effektiv

Arbeitszeit sowie 20 % weniger Rohstoffeinsatz als das Vorgängermodell, so ist dies *effizient*. Besteht jedoch für das neue Modell keine oder eine zu geringe Nachfrage bei den Autokäufern, so ist dies dennoch *ineffektiv*, weil das Ziel, der Abverkauf einer bestimmten Stückzahl, nicht erreicht wird. Es wäre effektiver gewesen, mit Hilfe des Marketings zuvor die Nachfrage genau zu ermitteln.

Effektiv, aber nicht effizient In vielen Unternehmen ist häufig das Umgekehrte zu beobachten: Oft werden die Ziele so stark in den Vordergrund gerückt, dass der Weg dorthin völlig vernachlässigt wird. In den alljährlichen Planungs- und Budgetphasen werden beispielsweise Umsatzziele präzise bis auf zwei Stellen hinter dem Komma festgelegt, aber der Weg, wie solche Ziele zu erreichen sind, bleibt für die Mitarbeiter unklar. Weil die Ziele nicht auf die Tätigkeitsebene der einzelnen Mitarbeiter „heruntergebrochen" werden, lassen sie sich teilweise nicht erreichen – oder werden mit einem zu hohen, *ineffizienten* Mitteleinsatz erkauft, beispielsweise durch Überstunden (= erhöhte Lohnkosten), durch zu hohe Kosten oder durch sinkende Motivation der Mitarbeiter.

Es wird nicht bedacht, wo und wie auf der Mitarbeiterebene angesetzt werden muss, damit auch der Einzelne in seinem Arbeitsbereich die Ziele erreichen kann. Häufig werden Mitarbeiter beispielsweise mit vielen, teilweise überflüssigen Arbeiten – wie dem Anfertigen von Statistiken oder dem endlosen Bearbeiten und Zur-Kenntnis-Nehmen von E-Mails – belastet, so dass ihnen freie Ressourcen zum Erreichen von Zielen fehlen.

Im persönlichen Umfeld Auch im persönlichen Bereich sind wir häufig geneigt, Effizienz und Effektivität miteinander zu verwechseln. Wer sich z. B. jahrelang in der Firma abstrampelt, um es seinem Vorgesetzten recht zu machen, die aufgetragenen Aufgaben zur Zufriedenheit aller erfüllt, aber bei Beförderungen immer

wieder übergangen wird, war effizient, aber zugleich ineffektiv, denn er hat sein Ziel der Beförderung nicht erreicht
– und das wahrscheinlich deshalb, weil ihm seine persönliche
Profitressource nicht bewusst war (dazu mehr in Kapitel 2
und 3).

Wer umgekehrt dauernd in Zeitnot ist, seine Arbeiten nicht
oder nur „auf den letzten Drücker" fertig bekommt und ständig unter Stress leidet, der mag zwar effektiv sein, weil er sein
Ziel kennt, ist aber ineffizient, weil er es nur unter großem
Aufwand oder gar nicht erreicht.

Zeitnot resultiert aus Ineffizienz

Man kann als Einzelner wie auch als Unternehmen *effizient*
im Einsatz der Mittel und dennoch zugleich *ineffektiv* sein,
wenn man das falsche Ziel anvisiert hat. Umgekehrt kann
man ebenso *effektiv* sein, weil man die richtigen Ziele vor
Augen hat, und trotzdem *ineffizient*, weil man sie mit ungeeigneten Mitteln verfolgt, z. B. mit zu hohen Kosten, zu
vielen Arbeitsstunden oder auf anderen „Umwegen".

Aufgabe

Beantworten Sie spontan, ohne Kenntnis der folgenden Kapitel,
diese Fragen:

In welchen Bereichen sind Sie persönlich Ihrer Meinung nach bisher
- besonders effektiv (im Setzen der richtigen Ziele),
- besonders ineffektiv gewesen?

In welchen Bereichen sind Sie
- besonders effizient (in Auswahl oder Einsatz der Ihnen zur Verfügung stehenden Mittel wie Zeit, Arbeitsengagement, Geld usw.),
- besonders ineffizient gewesen?

_____

_____

Wo ist Ihr Unternehmen – oder das Unternehmen, in dem Sie arbeiten – bisher
- herausragend effektiv,
- sehr ineffektiv,
- herausragend effizient,
- sehr ineffizient gewesen?

_____

_____

_____

_____

Effizienz und Zeitmanagement

Zeitmanagement ist nicht dasselbe wie Effizienz

Neben der Verwechslung von Effektivität und Effizienz ist auch diejenige von Effizienz und Zeitmanagement recht verbreitet. Dinge effizienter zu tun, so glaubt man häufig, bedeute nichts anderes, als seine Zeit besser zu managen, besonders wenn es um die Ebene der persönlichen Effizienz des einzelnen Menschen geht. „Ich muss doch nur meine Zeit besser nutzen, dann schaffe ich auch mehr", denken viele, doch leider ist das nicht der Fall. Denn:

Zeit ist eine begrenzte Ressource, während Effizienz eine unbegrenzte Ressource ist.

Uns allen stehen täglich nur 24 Stunden und in etwa 30 Arbeitsjahre bis zur Rente zur Verfügung, mehr nicht. Zeitmanagement zielt nun darauf ab, Dinge entweder gar nicht zu tun (z. B. durch Delegation) oder in der vorhandenen Zeit möglichst viele Tätigkeiten zu erledigen. Dieses Denken führt dazu, dass man „hart arbeitet" und schlimmstenfalls zum „Workaholic" wird, der pausenlos „rotiert" und keine Ruhezeiten mehr kennt. Dabei ist jedoch keineswegs garantiert, dass man effizient vorgeht. Denn „beschäftigt" zu sein ist nicht dasselbe wie „arbeiten". Es wird übersehen, dass sich viele Dinge auch auf einfachere Art und Weise – mit weniger Anstrengung und weniger Zeit, also effizienter – erledigen ließen. Häufig unterliegt solche Arbeitswut auch, wie wir im dritten Kapitel sehen werden, dem Diktat der Dringlichkeit, wobei das Wichtige aus den Augen verloren wird; so kommt es dann oft nur zu mäßigen Ergebnissen.

Hart arbeiten heißt nicht, effizient zu sein

Im Zeitmanagement wird Zeit als eine Abfolge *vieler gleich wertvoller* Zeiteinheiten – Stunden, Tage, Monate usw. – angesehen. Die Zeit wird somit als *Chronos* betrachtet: „chronologisch" als eine *lineare* Abfolge von Momenten. Die Zeit ist dann wie ein Zentimetermaß, von dem man nach und nach für bestimmte Zwecke bestimmte Abschnitte „abschneidet", bis nichts mehr übrig ist.

Chronos versus Kairos

Demgegenüber wird unter dem Gesichtspunkt der Effizienz die Zeit als *Kairos*, als „Gunst des Augenblicks", angesehen. (Chronos und Kairos waren zwei Götter in der griechischen Mythologie.) Dabei sind prinzipiell nicht alle Zeiteinheiten gleich wertvoll oder wichtig, sondern manche herausragender, günstiger als andere. Unter dem Gesichtspunkt des

Zeitmanagements verläuft die Zeit linear und wird quantitativ als „Menge" anzufüllender Zeiteinheiten gesehen; unter dem Gesichtspunkt der Effizienz hingegen kommt es auf die *Qualität* der Zeit an.

Beispiel Nehmen wir an, ein Verkäufer ruft 10 Kunden an, um Termine zu vereinbaren. Bisher erhält er bei 10 Anrufen 2 Gesprächstermine. Schafft er es, stattdessen 3 Termine zu bekommen, so hat er seinen Wirkungsgrad, seine Effizienz, bereits um 50 % gesteigert (2 Termine = 100 %). Prinzipiell ist es auch möglich, dass er 4, 5 oder sogar im Idealfall bis zu 7 Termine bei 10 Anrufen bekommt – das ist letztlich eine Frage seiner *persönlichen Effizienz.* Diese kann der Verkäufer erhöhen, indem er z. B. seine Nutzenargumentation verbessert, seine Vorgehensweise beim Anruf verändert oder an seinem stimmlichen Erscheinungsbild arbeitet. Genau darum geht es bei der Effizienz! Die eingesetzte Zeit für die 10 Anrufe ist immer dieselbe, gleich wie viele Termine der Verkäufer bei seinen Anrufen bekommt, doch eine höhere Anzahl von Terminen spricht dafür, dass er die Gunst des Augenblicks besser genutzt hat.

- **Zeitmanagement heißt: einen Zeitplan aufstellen und dann die gegebene Zeit sinnvoll aus- und anfüllen,**
- **Effizienz heißt: die Gunst des Augenblicks nutzen – und damit die Zeitqualität erhöhen, gegebenenfalls dabei sogar den Zeiteinsatz verringern.**

Zeit kann man nicht managen Managen kann man nur etwas, das mehr oder weniger wird, das flexibel ist. Daher lässt sich Zeit – im Gegensatz zur Effizienz – nicht managen, denn sie ist starr. Effizienz hingegen ist flexibel und „nach oben offen": Sie kann beliebig erhöht werden, geradezu ins Unermessliche, was sich am Beispiel des Geldverdienens gut veranschaulichen lässt.

Bill Gates hat mit Microsoft innerhalb weniger Jahre viele Milliarden Dollar netto verdient. Im gleichen Zeitraum verdient ein „durchschnittlicher" Angestellter gerade mal 500.000 Dollar oder Euro brutto, eher sogar weniger. Der Unterschied zwischen Bill Gates und einem Durchschnittsverdiener liegt nicht in der aufgewendeten Zeit, die bei beiden dieselbe ist, sondern in der Effizienz, die in diesem Fall um mehrere 1.000 % differiert. Gates hat seine Mittel im Vergleich zu anderen so wirkungsvoll eingesetzt, dass seine Effizienz geradezu exponentiell wuchs.

Beispiel Bill Gates

Um effizienter zu werden, brauchen Sie nicht mehr Zeit einzusetzen oder mehr bzw. härter zu arbeiten, sondern nur den Wirkungsgrad Ihres eingesetzten Arbeitsaufwandes sinnvoll zu erhöhen.

Dazu ein einfaches Beispiel aus der Physik: Nehmen Sie einen spitzen Bleistift und ein Stück Papier. Versuchen Sie, mit der *stumpfen* Seite des Bleistiftes das Papier zu durchbohren. Dies wird Ihnen nicht oder nur unter hohem Krafteinsatz (= hohem Energie-/Arbeitsaufwand) gelingen, denn die Fläche des Bleistiftes ist so groß, dass die Kraft zu sehr streut, um einen hinreichend großen Druck auszuüben. Nehmen Sie hingegen die *spitze* Seite des Bleistiftes, so können Sie das Papier mit geringem Aufwand durchbohren; in diesem Fall haben Sie Ihre Kraft konzentriert bzw. „spitz" eingesetzt. Der geringe Kraftaufwand spricht für ein effizientes Vorgehen.

Beispiel aus der Physik

Was uns aus der Physik als newtonsches Gesetz mit der simplen Formel „Druck = Kraft : Fläche" geläufig ist, entgeht uns oft im Alltag, wenn wir mit falschem oder zu aufwendigem Mitteleinsatz versuchen, unsere Ziele zu erreichen, und uns dabei verausgaben. Dieses Buch gibt Ihnen einen „Werkzeugkasten" an die Hand, mit dem Sie Ihre Effizienz – persönlich wie im Unternehmen – erhöhen können.

Fehlende Effizienz in der Unternehmenswelt

Hohe Lohnkosten Obwohl Effizienz in den Unternehmen – im Gegensatz zur Effektivität – vielfach noch vernachlässigt wird, wächst ihre Bedeutung ständig: Deutschland ist, wie viele andere europäische Länder, ein Hochlohnland; zudem steigen die Löhne und Lohnnebenkosten ständig weiter. Die durchschnittliche Arbeitsstunde kostet bereits ca. 50 Euro, während sie in Niedriglohnländern gerade mal bei drei bis fünf Euro liegt.

Wachsende Probleme Trotz steigender Löhne sinkt jedoch die Arbeitszeit: Die 33-Stunden-Woche steht bereits auf dem Plan der Gewerkschaften. Außerdem muss durch zahlreiche Entlassungen in den Unternehmen die Arbeit von einer schwindenden Anzahl von Mitarbeitern geleistet werden. Häufig werden jedoch die Umsatzziele von den Unternehmen immer höher gesteckt und jährliche Zuwachsraten vom Engagement der Mitarbeiter abhängig gemacht. Aber selbst bei steigenden Umsätzen schrumpfen die Gewinnmargen, und zwar unter anderem deshalb, weil die Endverbraucher viel mehr als früher „Schnäppchenkäufe" tätigen und daher gezielt auf Preissenkungen warten.

Viele Unternehmen laufen heute bedeutend enger am Rande ihrer Kapazitäten als noch vor wenigen Jahren; stille Reserven sind praktisch nicht mehr vorhanden. Wir stehen hier einem ganzen Problembündel gegenüber, das jedes Unternehmen kennt. Unter dem Strich heißt dies:

> **Weniger Mitarbeiter als früher müssen in den Unternehmen mehr leisten als früher. Es gibt nur eine Möglichkeit, alle Probleme aufzufangen und trotzdem die Produktivität zu erhalten bzw. zu steigern: *die Erhöhung der Effizienz!***

Es gibt drei Arten, die Unternehmenszukunft zu sichern:

Die einzige Lösung

1) die *Steigerung von Absatz und Umsatz;* das ist aufgrund der Wettbewerbssituation und der verringerten Zahl der Mitarbeiter sowie der veränderten Konsumgewohnheiten schwierig;
2) die *Kostensenkung* bei gleich bleibenden Einnahmen; dieser Weg wird häufig beschritten, hat aber eine Grenze. Kosten lassen sich nicht beliebig nach unten drücken, ohne die Substanz des Unternehmens zu gefährden;
3) einen völlig anderen Weg zu gehen: eben die *Effizienz zu erhöhen!* Effizienz ist eine lebendige Ressource und stößt niemals an eine Obergrenze. Sie lässt sich durch stetige Verbesserung des Mitteleinsatzes bzw. Wirkungsgrades praktisch unendlich erhöhen, wie das Beispiel Bill Gates gezeigt hat.

Somit ist die Steigerung der Effizienz der einzig gangbare und langfristig erfolgreiche Weg zur Sicherung der Unternehmenszukunft. Die Praxis von Coachings im Unternehmen hat gezeigt, dass es wesentlich leichter ist, die Effizienz um ein Vielfaches zu steigern, als die Kosten zu senken oder den Absatz um nur 5 % zu erhöhen.

Als lebendige Ressource kann Effizienz natürlich nicht nur wachsen, sondern ebensogut schrumpfen. Die genannten Probleme, vor denen die Unternehmen heute stehen, spre-

Effizienz kann auch sinken

chen dafür, dass die Effizienz in den vergangenen Jahren und Jahrzehnten gesunken ist – oder dass, anders ausgedrückt, die Effizienz der Unternehmen nicht mit den wachsenden Anforderungen der Umwelt, der Mitarbeiter und Kunden sowie des Wettbewerbsumfeldes Schritt gehalten hat. Höchste Zeit aufzuholen!

Die Statistik belegt den Mangel an Effizienz

Was das kleine Wörtchen „Effizienz" in der Unternehmenswelt bedeuten kann, sollen einige statistische Zahlen veranschaulichen: Das Bruttosozialprodukt in Deutschland lag im Jahr 2002 bei 2,1 Billionen Euro. Gelänge es, die Effizienz lediglich um ein einziges Prozent zu steigern, so entspräche dies bereits 21 Milliarden Euro! Würde die Effizienz um 5 % gesteigert, so ließen sich damit schon sämtliche Haushaltslöcher der Bundesrepublik stopfen.

Fehlende Motivation der meisten Mitarbeiter Das *Gallup*-Institut hat 2001 ermittelt, dass allein in Deutschland ein Schaden von 220 Milliarden Euro jährlich durch mangelnde Motivation von Mitarbeitern am Arbeitsplatz entsteht. Diese Summe entspricht dem gesamten Bundeshaushalt der Bundesrepublik! *Gallup* unterscheidet zwischen engagierten, unengagierten und aktiv unengagierten Mitarbeitern. Letztere machen bereits 15 % aller Mitarbeiter aus; sie zeichnen sich nicht nur durch besonders hohe Fehlzeiten aus, sondern auch durch Mobbing und stete Bereitschaft, den Arbeitgeber zu wechseln. Außerdem haben sie eine negative Einstellung zu ihrer Arbeit und treten aggressiv gegenüber Kollegen auf.

Wie viel Produktivität den Unternehmen durch die unengagierten und die aktiv unengagierten Mitarbeiter verloren geht, wird deutlich, wenn man erfährt, dass diese beiden Gruppen zusammen 84 % (!) aller Arbeitnehmer in Deutschland ausmachen. *Gallup* hat errechnet, dass die Senkung der aktiv unengagierten Mitarbeiter um lediglich 5 % in einem einzigen Unternehmen mit 20.000 Mitarbeitern bereits 5,7 Millionen Euro Mehrgewinn ausmachen würde.

> **Geradezu ungeahnte Effizienzpotenziale liegen im Bereich der Motivation der Mitarbeiter in den Unternehmen. Eine größere Führungseffizienz kann dazu beitragen, diese Potenziale zu erschließen (dazu Kapitel 4).**

In Anbetracht dieser Verhältnisse ist es nicht erstaunlich, dass *Business Week* im Juli 2003 ermittelte, dass die Leistung der deutschen Großunternehmen weit hinter der europäischen Konkurrenz zurückgeblieben ist. Sie schafften es nicht in die europäischen Top 20 und bringen es sogar unter den Top 50 lediglich auf 4 Positionen. Bestes deutsches Unternehmen ist BMW auf Platz 21, während z. B. DaimlerChrysler und die Deutsche Telekom auf den Plätzen 131 und 181 rangieren.

Schlechtes Abschneiden deutscher Großunternehmen

Das Modell der Bezahlung nach Zeit steht auf dem Prüfstand

Wenn die Arbeitsstunde in Deutschland 10- bis 20-mal mehr kostet als in einem Niedriglohnland, dann muss auch die Effizienz der Arbeitsleistung 10- bis 20-mal höher sein. Ansonsten wird es problematisch, weil die Unternehmen langfristig nicht mehr konkurrenzfähig sind.

Dass nur die Erhöhung der Effizienz langfristig die Wettbewerbsfähigkeit garantiert, zeigen auch die jüngsten Überlegungen des VW-Vorstandsvorsitzenden Bernd Pischetsrieder. Seit etwa zwei Jahrhunderten, seit Beginn der industriellen Revolution, ist es in Deutschland üblich, Mitarbeiter nach Zeit zu bezahlen. Bei der früher vorherrschenden Fließbandarbeit war der Output der Mitarbeiter leicht zu steuern, indem man einfach die Bänder schneller oder langsamer laufen ließ. Heute ist jedoch die Fertigung meist vollautomatisiert, während die im Output wesentlich schlechter messbare Büroarbeit den größten Anteil ausmacht.

Bezahlung nach Leistung statt nach Zeit

Pischetsrieder stellt daher das alte Modell der Bezahlung nach Zeit infrage: Im Zuge der Effizienzsteigerung wird bereits darüber nachgedacht, wie im Rahmen des 5.000er-Modells – 5.000 Mitarbeiter erhalten Beschäftigung für 2.500 Euro monatlich – statt nach Zeit nach dem geleisteten Arbeitspensum bezahlt werden kann. Auch in den Unternehmen wächst also langsam das Bewusstsein, dass das „Absitzen" der Arbeitszeit am Arbeitsplatz nicht das Maß der Effizienz sein kann.

Der Einfluss des Lohns auf die Leistungsbereitschaft

Pischetsrieders neuer Ansatz wird unterstützt durch die Ergebnisse einer wissenschaftlichen Studie von Mary Rigdon an der Universität von Texas: Dort hat man untersucht, wie sich eine Lohnerhöhung auf die Leistungsfähigkeit der Arbeitnehmer auswirkt. Ergebnis: Mehr Lohn bringt nicht unbedingt mehr Leistung für den Arbeitgeber. Man simulierte die Situation in Großunternehmen, in denen Arbeitnehmer und -geber sich häufig nicht persönlich kennen. Unter dieser Bedingung stellte sich heraus, dass sogar 80 % der Arbeitnehmer weniger arbeiteten, als sie es in ihrem Vertrag zugesichert hatten. Für die Wissenschaftler selbst war dieses Ergebnis erstaunlich, denn bisher war man immer von einem „Automatismus" zwischen höherem Gehalt und höherem Arbeitseinsatz ausgegangen.

Die Leistung wird in Zukunft über die Einkommenshöhe entscheiden. Wesentlich ist der Output der geleisteten Arbeit, nicht die Zeit, in der er erbracht wurde. Für den Einzelnen bedeutet das: Er muss seine Effizienz erhöhen, um seinen Arbeitsplatz zu sichern.

Wer auch in fünf bis zehn Jahren mit seinem Arbeitseinsatz noch einen marktgerechten Gegenwert für ein Unternehmen darstellen will, der muss effizient vorgehen oder unterliegt anderenfalls der Gefahr, entlassen zu werden. Man wird nicht mehr für seine Tätigkeit bezahlt, sondern für die Qualität und Quantität der Resultate, also für die erbrachte Leistung.

Vom Jahrhundert der Erfindungen zum Jahrhundert der Effizienz

Was Pischetsrieder in Erwägung zieht, kommt einem Paradigmenwechsel gleich: Im 20. Jahrhundert ging es darum, Dinge zu erfinden, zu entwickeln und dann in großer Menge zu produzieren, um sie allen zugänglich zu machen. Im 21. Jahrhundert geht es darum, Dinge effizienter zu tun. Zum Beispiel galt es Anfang des 20. Jahrhunderts noch als ein Wunder, Daten rund um den Erdball zu senden. Dieses Problem konnte mit Hilfe verschiedener Techniken immer besser gelöst werden: zuerst durch die Verlegung unterirdischer und unterseeischer Telefonkabel, dann durch Satelliten, zuletzt durch das Internet.

Vom Entwickeln zum effizienteren Tun

Heute stehen wir nicht mehr vor der Frage, ob es funktioniert, sondern wie *effizient* es geht: Wie viele Megabytes können innerhalb von wie vielen Millisekunden zu welchem Preis rund um den Erdball transportiert werden? Die entscheidenden Faktoren sind Menge, Zeit und Geld, während die Technik selbst kein Problem mehr ist. Die Perspektive hat sich vom „Machenkönnen" zum „effizienten Tun" verschoben. Effizienz wird mehr und mehr unentbehrlich.

Vom Machenkönnen zum effizienten Tun

Aufgabe

Rechnen Sie aus, wie sich finanziell die Effizienzsteigerung um 3, um 5 oder um 10 % in Ihrem Unternehmen auf Ihren Ertrag auswirken würde.

_____

_____

Wo sehen Sie spontan die größten Effizienzdefizite in Ihrem Unternehmen?

_____

_____

Was ist die Voraussetzung, damit Ihr Unternehmen langfristig wettbewerbsfähig bleibt?

_____

_____

2. Die Faktoren der Effizienz

Fachwissen, Fähigkeiten, Motivation und Strategie

Jeder Mensch ist vom Innersten her auf Erfolg programmiert. **Erfolg oder** Dies hat weniger mit unserer Leistungsgesellschaft zu tun als **Untergang** mit der Grundlage der Evolution. Nach dem Gesetz der Evolution gibt es im Grunde nur die Wahl zwischen Erfolg oder „Untergang". Das oberste Ziel der Evolution ist die Erhaltung der Arten; gelingt dies nicht, so bleibt im Prinzip nur der Untergang bzw. das Aussterben.

Erfolg ist nicht vom Menschen erdacht, sondern folgt dem natürlichen Gesetz der Evolution.

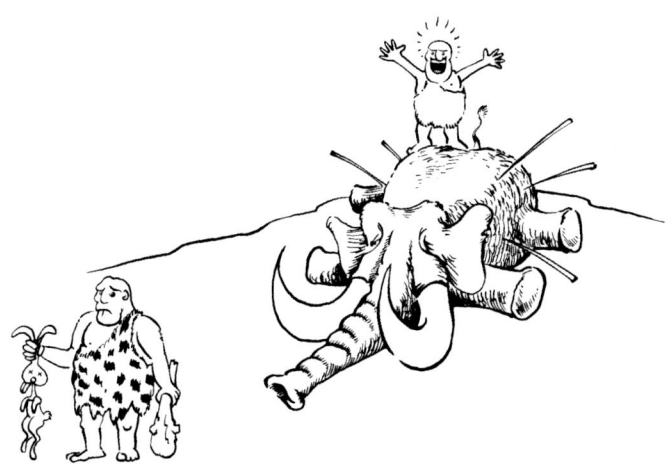

27

Voraussetzung für die Erhaltung des eigenen Lebens ist z. B. der Erfolg bei der Nahrungssuche, bei der Fortpflanzung, im Beruf usw. Daraus ergibt sich, dass die Absicht jeder Handlung ein erfolgreiches Ergebnis ist – was nicht zwangsläufig bedeutet, dass der Misserfolg einer Handlung sofort zum Untergang führen muss. Allerdings muss nach etlichen Versuchen irgendwann der Erfolg eintreten.

Wenn wir etwas anpacken, haben wir immer die Absicht, es auch *gut* zu machen, es erfolgreich zu meistern; dies ist uns von der Natur so mitgegeben. Dabei ist es ganz gleich, ob wir einen Kuchen backen, einen Zaun anstreichen, unsere Kinder erziehen oder im Beruf etwas leisten.

Jede menschliche Handlung zielt auf Erfolg ab.

4 Faktoren Vereinfacht dargestellt, sind es vier Faktoren, die den Erfolg beeinflussen:
- Fachwissen,
- Fähigkeiten,
- Motivation und
- Strategie.

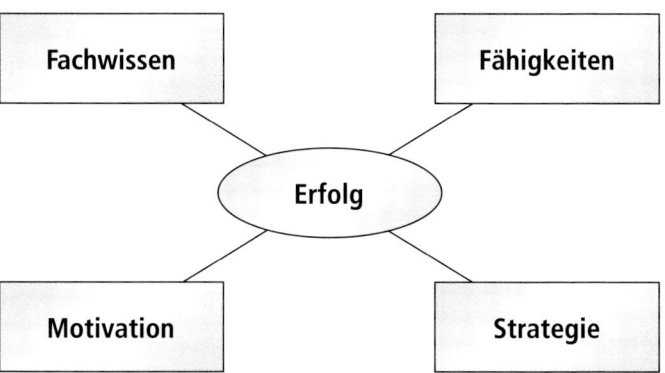

Wenn wir also unsere Effizienz in einem beliebigen Bereich verbessern wollen, müssen wir uns diese vier Faktoren genauer anschauen und fragen: Wie ausgeprägt sind sie bei mir bzw. in meinem Unternehmen in Bezug auf den Erfolg? Diese Frage müssen wir im Grunde in jeder Situation, in jedem Bereich immer wieder neu stellen.

Fachwissen

Fachwissen oder Know-how ist zum einen die Basis, um überhaupt eine Aufgabe zu bewältigen, und zum anderen erforderlich, um auf dem Laufenden zu bleiben. Das Wissen der Menschheit verdoppelt sich inzwischen innerhalb weniger Jahre; deshalb ist es wichtig, den Anschluss nicht zu verlieren und mit der Entwicklung in Wirtschaft, Unternehmen und Gesellschaft Schritt zu halten. Da sich unser Zeitbudget bekanntlich nicht alle paar Jahre verdoppelt, müssen wir einerseits danach streben, uns notwendiges Wissen effizient anzueignen. Andererseits dient Fachwissen auch selbst dazu, effizient zu arbeiten.

Bedeutung des Fachwissens

Ein Beispiel mag dies verdeutlichen: Mit Hilfe eines Navigationssystems im Auto kann man problemlos sein Ziel finden; die Navigation ersetzt das fehlende Wissen bzw. die fehlende Ortskenntnis. Andererseits kann es jedoch passieren, dass die Fahrt eines Orts*un*kundigen mit Navigationssystem länger dauert als die Fahrt eines Ortskundigen *ohne* Navigationssystem. Der Ortskundige verfügt nämlich über *Erfahrungswissen,* das das technische System nicht hat; daher weiß er, dass er bestimmte Strecken wegen häufiger Staus besser meidet und eventuell sogar auf einem „Umweg" schneller ans Ziel kommt, also effizienter ist.

Beispiel Navigationssystem

Erfahrungswissen ist Wissen, das man sich durch Training und Übung angeeignet hat; es ist ein wichtiger Faktor der Effizienz.

Die beiden Schlüsselfragen im Bereich des Wissens lauten:

1) Im persönlichen Bereich: Ist ausreichendes Wissen vorhanden, um eine gegebene Aufgabe wirkungsvoll (effizient) zu bearbeiten?

2) Im Unternehmen: Wie lässt sich vorhandenes Wissen so transferieren und vervielfachen, dass alle Mitarbeiter gleichermaßen davon profitieren, also alle gleichermaßen wirkungsvoll damit umgehen können?

Wenn ein Unternehmen Produkte entwickelt, die stark innovationsabhängig sind, dann entscheidet das Fachwissen ganz erheblich über den Erfolg. Wird vorhandenes Wissen zu ineffizient im Unternehmen selbst transportiert, so fehlt es schon an der nötigen Geschwindigkeit im Vergleich zum Wettbewerb, um langfristig den Erfolg zu sichern. Im Handels- und Dienstleistungsbereich ist Fachwissen vor allem in den Bereichen Verkauf, Vertrieb, Vertriebssteuerung und Marketing gefragt.

Fähigkeiten

Die Fähigkeit sagt etwas darüber aus, wie das vorhandene Wissen in Handlungen angewendet und umgesetzt wird. Sie bezieht sich also auf die Schnittstelle zwischen Wissen und Handeln.

Schnittstellen- Gerade an dieser Schnittstelle liegen oft die Probleme: Viel-
problem fach wissen Mitarbeiter zwar, was sie machen sollen, aber sie machen nicht, was sie wissen. Es fehlt also an der Fähigkeit zur Umsetzung.

Identisches Wissen spricht nicht unbedingt dafür, dass auch die Fähigkeiten gleich gut ausgeprägt sein. Häufig ist es so, dass trotz gleichen Wissens bei verschiedenen Menschen die Resultate sehr unterschiedlich in der Qualität ausfallen.

Dazu wieder ein einfaches Beispiel:
Das Wissen, wie man einen Kuchen backt, ist sehr einfach zu er- **Beispiel**
werben: Es lässt sich einem Rezeptbuch entnehmen. Entscheidend **Kuchen backen**
dafür, dass der Kuchen auch gelingt, sind jedoch die persönlichen
Fähigkeiten. Wenn verschiedene Leute Kuchen nach demselben
Rezept backen, schmecken sie noch lange nicht bei allen gleich. Der
Unterschied besteht in den verschiedenen Erfahrungen, die die Betreffenden schon vorher gesammelt haben; diese sind entscheidend
dafür, inwieweit der Kuchen gelingt und wie er schmeckt.

Ähnlich wie Fachwissen lassen sich auch Fähigkeiten durch
Wiederholung und Übung so weiterentwickeln, dass das Resultat immer besser wird oder dass die eingesetzte Zeit ver-
ringert wird – dass sich also die Effizienz erhöht. Gerade im
Bereich der Fähigkeiten macht Übung bekanntlich den Meis-
ter, und Aufgaben, die zur Routine geworden sind, lassen sich
effizienter bewältigen.

Motivation

**Motivation ist das eingebrachte Engagement und steuert
die Anzahl der Aktivitäten oder Handlungen.**

Selbst wenn jemand viel Wissen besitzt und für seine Aufgaben die erforderlichen Fähigkeiten hat, bedeutet dies noch
nicht unbedingt, dass er auch effizient ist. Wenn nämlich
seine Motivation niedrig ist, so kann es sein, dass er z. B.
sehr langsam vorgeht, Wichtiges aufschiebt oder sich in
Nebentätigkeiten verzettelt.

Die persönliche Motivation hängt immer sehr stark von der **Eigendialog**
mentalen Stimmung ab, und diese kann erheblich schwan-
ken. Die Stimmung wiederum wird durch den Eigendialog –
also die Art und Weise, wie jemand mit sich selbst spricht –
beeinflusst. Es gibt Möglichkeiten, die Stimmung und den

31

Eigendialog positiv zu beeinflussen und damit die Motivation anzuheben (dazu Näheres in Kapitel 3).

Durch eine hohe Motivation verändert sich die Wahrnehmung auf die Dinge: Man nimmt Informationen auf, die einem vielleicht sonst entgehen würden, wodurch man sein Fachwissen weiterentwickelt. Man realisiert feinere Details, analysiert Ursache und Wirkung genauer, so dass auch die Fähigkeiten zur Aufgabenbewältigung wachsen.

Strategie

Strategie ist die Methode des Vorgehens, der Weg oder der wirkungsvollere Lösungsansatz zur Bewältigung von Aufgaben.

Strategie hat zu tun mit
- Konzentration,
- Vereinfachung oder Reduktion,
- Multiplikation und
- wirkungsvolleren Vorgehensweisen.

Strategiefaktoren Konzentration ist die Fokussierung der Kräfte und Mittel auf den wirkungsvollsten Punkt – wie bei einem Brennglas, das die Sonnenstrahlen bündelt, oder einem Laser. Praktisch bedeutet dies, sich nur auf wenige erfolgsentscheidende Dinge zu konzentrieren, nur das Wichtige zu tun, anstatt sich mit vielen Tätigkeiten gleichzeitig zu verzetteln.

Mit Vereinfachung ist die Reduzierung von Handlungsabläufen und Tätigkeiten gemeint: Es gilt, überflüssige Arbeiten oder überflüssige Zwischenschritte wegzulassen, rationeller vorzugehen, selektiv zu handeln anstatt auf Vollständigkeit zu setzen und Abkürzungen zu wählen. Multiplikation bezieht sich darauf, dass gute und erstklassige Verfahren und Abläufe vervielfältigt werden, damit sie auch anderen zugänglich gemacht oder auf andere Aufgabengebiete übertragen werden; Benchmarking – der Vergleich mit den Besten im Markt – spielt dabei eine wichtige Rolle. Multiplikation kann auch durch effiziente Zusammenarbeit in einem Team gegeben sein. – Eine wirkungsvollere Vorgehensweise ist z. B. gegeben, wenn es aufgrund einer verbesserten Gesprächsstrategie des Vorgesetzten nur noch eines Gesprächs statt vorher vier Gespräche bedarf, damit ein Mitarbeiter sein Verhalten in der gewünschten Weise ändert.

Es kann alles richtig sein, aber wenn die Strategie nicht stimmt, wird kein Erfolg eintreten. Wer einen Sonnenaufgang fotografieren will, über fotografisches Fachwissen verfügt, zudem motiviert ist und auch noch Erfahrungen mitbringt – dann aber nach Westen losläuft anstatt nach Osten, der muss verdammt schnell rennen, um seine Fotos aufzunehmen!

Alle vier Faktoren – Wissen, Fähigkeiten, Motivation und Strategie – greifen ineinander und sind nicht getrennt voneinander zu betrachten. Sie beeinflussen sich wechselseitig und sind wie in einem Netzwerk miteinander verbunden. Eine Stärke in einem Bereich führt fast automatisch auch zu Stärken in den drei anderen Bereichen und bewirkt damit Effizienz; entsprechend führen Schwächen in einem Bereich zu Schwächen und Ineffizienz in allen übrigen Bereichen. Wer beispielsweise einen umständlichen „Umweg" zum Ziel einschlägt, wird, auch wenn er hoch motiviert ist und viel Wissen besitzt, nicht so schnell ankommen wie ein anderer, der eine bessere Strategie gewählt hat. Und wer zu wenig Wissen zur Erledigung seiner Aufgaben besitzt, der wird unprofessionell vorgehen und ggf. weniger gut abschneiden oder zu lange brauchen, selbst wenn er motiviert ist und strategisch geschickt vorgeht.

**Die Faktoren
sind verbunden**

Verbesserungen in einem der vier Faktoren Wissen, Fähigkeiten, Motivation und Strategie führen bereits zur Erhöhung der Effizienz, aber erst das gekonnte Zusammenspiel aller vier Faktoren führt zur optimalen Effizienz.

Aufgabe

Schätzen Sie die vier Faktoren auf einer Skala von 1 (kaum vorhanden) bis 10 (in höchstem Maße vorhanden) für sich persönlich/ für Ihr Unternehmen ein, und zwar im Hinblick auf eine wichtige Aufgabe in Ihrem Tätigkeitsbereich (z. B. Gesprächsführung mit Mitarbeitern oder Neukundengewinnung durch Telefonakquise): Wie ausgepägt sind sie jeweils?

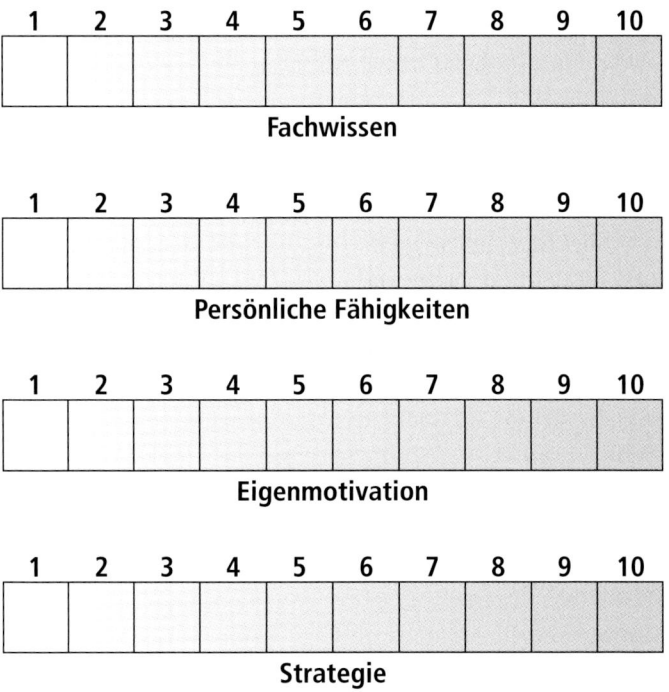

| 1 | 2 | 3 | 4 | 5 | 6 | 7 | 8 | 9 | 10 |

Fachwissen

| 1 | 2 | 3 | 4 | 5 | 6 | 7 | 8 | 9 | 10 |

Persönliche Fähigkeiten

| 1 | 2 | 3 | 4 | 5 | 6 | 7 | 8 | 9 | 10 |

Eigenmotivation

| 1 | 2 | 3 | 4 | 5 | 6 | 7 | 8 | 9 | 10 |

Strategie

Profitressourcen

Ein weiterer wichtiger Faktor der Effizienz ist die Profitressource.

Die Profitressource ist diejenige Ressource, die den Marktwert des Einzelnen oder des Unternehmens für die Umwelt
darstellt.

- Im persönlichen Bereich lautet die zentrale Frage zur Er-
  mittlung dieser Ressource: *Worin besteht mein Wert für das
  Unternehmen?* Warum stehe ich auf der Gehaltsliste?
- Im Unternehmensbereich: *Warum kaufen die Kunden bei
  uns?* Worin besteht der Wert unserer Produkte? Worin
  unterscheiden wir uns von anderen Wettbewerbern?

Die Profitressource ist der *zentrale* Faktor der Effizienz!
Nichts macht so erfolgreich und nichts hat eine so positive
Wirkung auf die Effizienzsteigerung wie der stetige Ausbau
und die Konzentration auf die Profitressource – also die permanente Erhöhung des Marktwertes. Sie ist derjenige Faktor,
der Fachwissen, Fähigkeiten, Motivation und Strategie sinnvoll bündelt und diese steuert.

**Zentraler
Effizienzfaktor**

Um seine Profitressource zu erhalten oder zu erhöhen,
kann man sein Fachwissen ausbauen, seine Fähigkeiten
verbessern, seine Motivation erhöhen und/oder seine
Strategie verbessern.

Unglücklicherweise machen sich viele Menschen wie auch
viele Unternehmen niemals die Mühe, über ihren Marktwert
nachzudenken. Sie „wursteln" häufig vor sich hin oder ver-

bessern unwichtige Details, anstatt an ihrer Profitressource zu arbeiten. Aber nicht alle Dinge, die wir tun, sind gleich wertvoll oder wesentlich. Nach dem Pareto-Prinzip, auf das in den folgenden Kapiteln noch eingegangen wird, erzielen wir mit nur 20 % des Aufwandes bereits 80 % unserer Erfolge. Diese 20 % gilt es zu ermitteln und weiter auszubauen (dazu Näheres in Kapitel 3 und 4).

Effizienzblocker

Den Profitressourcen stehen auf der negativen Seite die Effizienzblocker gegenüber.

Effizienzblocker sind alle Verhaltensweisen und Emotionen, die uns ausbremsen und lähmen – die uns daran hindern, unsere wertvollen Ressourcen zum Ausdruck zu bringen.

Effizienzblocker schränken uns dabei ein, das zu tun, was wir tun sollten oder wollen, sie vermindern unsere Effizienz und unseren Erfolg erheblich. Sie tragen dazu bei, dass wir als Tiger starten, aber als Bettvorleger enden.

Drei zentrale Effizienzblocker

Die drei „klassischen" Effizienzblocker, die in vielerlei Gestalten und Verpackungen auftauchen, sind:
- Angst,
- Aufschieberei und
- Perfektionismus.

Ängste

Bekannte Ängste sind die Angst vor Blamage oder Misserfolg, die Angst vor Entscheidungen, die Angst, eine Rede zu halten oder vor Publikum zu sprechen, und die Angst, unangenehme Gefühle zu erleben oder auszudrücken. Die Fachhochschule Köln hat in einer Befragung von Führungskräften die zehn häufigsten Ängste von Managern ermittelt und dabei diese Rangfolge aufgestellt:

Rangnummer	Die Angst vor …
1	Jobverlust
2	Unfall/Krankheit
3	Fehlern
4	Verlust der Wertschätzung/Anerkennung
5	Konkurrenten
6	Autoritätsverlust
7	Innovationen
8	Mitarbeitern, denen man nicht gerecht wird
9	internen Fehlinformationen
10	Überforderung

Die zehn häufigsten Ängste von Managern

Im persönlichen Bereich führen Ängste zu Fluchtstrategien und Ausweichmanövern. Ganz alltäglich ist die Situation, dass man sich vornimmt, zu einer bestimmten Zeit etwas Bestimmtes zu tun, es dann aber nicht angeht und stattdessen seine Zeit mit Alibitätigkeiten vertrödelt. Zwar würden einen die Dinge, die man sich vorgenommen hat, effizient nach vorne bringen, aber dennoch bleibt man in unwichtigen Arbeiten stecken, weil die Motivation fehlt, das Wichtige anzupacken. Im Grunde ist dies sinnlos verschwendete Arbeitszeit.

Ausweichen in Alibitätigkeiten

Alltägliche Beispiele für „gefürchtete" Tätigkeiten sind die jährliche Steuererklärung, Reparaturarbeiten in der Wohnung oder das Aufräumen der Wohnung. Im Unternehmen gehören z. B. Kritikgespräche mit Mitarbeitern zu den gerne gemiedenen Tätigkeiten; im Vertrieb ist es die Neukundengewinnung.

Aufschieberei Wer in Alibitätigkeiten ausweicht, der verliert sich auch in Aufschieberei. Wichtiges wird zeitlich immer weiter aufgeschoben, bis der Abgabe- oder Fertigstellungstermin so drängt, dass die Arbeit nur noch unter enormem Energieaufwand und unter Vernachlässigung aller übrigen Aufgaben bewältigt werden kann. Das ist natürlich nicht effizient, denn häufig wäre das Ergebnis besser gewesen, wenn man mehr Zeit auf die Sache verwendet hätte; zudem ist es weniger stressreich, eine Arbeit in Ruhe als unter großem Zeitdruck durchzuführen.

Perfektionismus Auch die Flucht in Perfektionismus wird aus Angst geboren. In Unternehmen werden z. B. Sicherheiten, Regeln und Kontollsysteme installiert, weil man sich fürchtet, etwas falsch zu machen oder irgendwelche Details zu übersehen. Perfektionist im persönlichen Bereich ist, wer die Fertigstellung einer Arbeit immer wieder hinauszögert, weil er noch an den Einzelheiten „feilen" will. Auch hier wird das Pareto-Prinzip aus den Augen verloren: Bereits mit 20 % des Arbeitsaufwandes erreichen wir 80 % des erwünschten Arbeitsergebnisses, während die restlichen 80 % der Arbeit nur noch marginale Verbesserungen im Detail bringen, aber fast gänzlich ineffizient sind.

Weitere Vermeidungs-taktiken Weitere Effizienzblocker sind Ausreden, Killerphrasen, die Suche nach Sündenböcken, wenn etwas schief gelaufen ist, und die Flucht ins bloße „Versuchen" – kurzum: alle Vermeidungstaktiken, die dazu beitragen, nicht unsere Ressourcen auszuspielen, sondern uns in Nebentätigkeiten zu flüchten.

Bei fast allen Aufgaben gibt es einen hemmenden Faktor, einen Effizienzblocker, der darüber entscheidet, wie effizient Sie Ihre Arbeit abschließen. Diesen Engpass gilt es herauszufinden und zu beseitigen.

Wer effizient sein will, muss seine Effizienzblocker abbauen und reduzieren. Allein dadurch lässt sich der Wirkungsgrad bereits beträchtlich erhöhen.

Hier ein kleiner Tipp, wie Sie Hemmfaktoren abbauen: Effizienzblocker verstecken sich gerne hinter Killerphrasen wie den folgenden:

Killerphrasen eliminieren

- „Ich kann mir nicht aussuchen, wie ich meine Zeit verbringe. Darüber entscheidet mein Chef."
- „Ich habe das schon immer so gemacht. Es bringt nichts, es anders zu machen."
- „Das habe ich noch nie so gemacht."
- „Wenn es so einfach wäre, würde es ja jeder tun." Usw.

Wenn Sie sich bei der Lektüre dieses Buches oder im Arbeitsalltag dabei ertappen, dass Sie auf Verbesserungsvorschläge mit solchen Killerphrasen reagieren, dann notieren Sie sie auf einem Blatt Papier und werfen Sie sie in einen leeren Schuhkarton. Mit diesem kleinen Ritual unterstützen Sie sich selbst dabei, Effizienzblocker nach und nach zu beseitigen und sich Ihrer inneren Widerstände bewusst zu werden. Wenn der Schuhkarton voll ist, dann werfen Sie ihn weg und nehmen gegebenenfalls einen neuen, falls Ihr Repertoire an Effizienzblockern noch nicht erschöpft ist. Nach und nach kommen Sie sich auf diese Weise selbst auf die Schliche, bei welchen Gelegenheiten Sie sich ausbremsen.

Aufgabe

Wie schätzen Sie persönlich das Verhältnis Ihrer Profitressourcen zu Ihren übrigen Tätigkeiten, (die nicht zu Ihrem Marktwert beitragen,) und Ihren Effizienzblockern ein? Wie viel Zeit verbringen Sie in den drei Bereichen? Zeichnen Sie für jeden der drei Bereiche im folgenden Kreis den prozentualen Anteil ein.

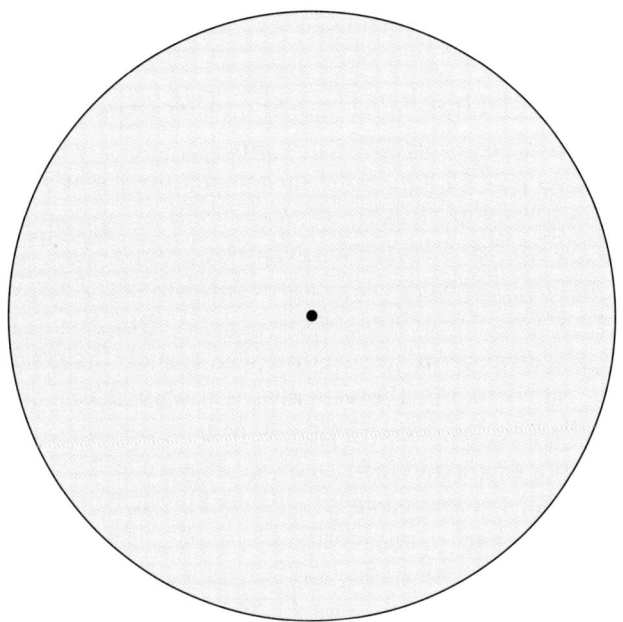

Sie können die Einschätzung auch für Ihr Unternehmen vornehmen.

Erfahrungsgemäß liegen in meinen Seminaren die Werte für die effizienten Profitressourcen lediglich zwischen 8 und 34 %; alles Übrige ist das, was ich „Nebenschauplätze" nenne.

Die Messbarkeit von Effizienz

Zur Umsetzung von Effizienz in der Praxis gehört es, sie messbar und damit objektiv zu machen, anstatt sich nur subjektiv auf Schätzungen oder das „Gefühl" zu verlassen. Allgemeine Maßstäbe lassen sich nur schwer anlegen, da es immer auf den jeweiligen Bereich ankommt, in dem die Effizienz erhöht werden soll. Es gilt, jeweils sinnvolle Parameter zu finden.

Bei Verhaltensänderungen – z. B. wenn es im Verkaufsbereich darum geht, durch einen anderen Umgang mit Kunden mehr Erfolg zu erzielen – ist es besonders schwierig, Effizienz zu messen. Vor allem am Anfang kommt es hier häufig sogar zu Rückschritten – ähnlich wie im Sport, wo die Änderung eines Bewegungsablaufes zuerst zur Verlangsamung statt zur Beschleunigung führt. Es besteht in der schwierigen Anfangsphase die Neigung, wieder „in den alten Trott" zurückzufallen, weil der innere Widerstand gegen das Neue noch hoch ist. Doch wer das tut, was er schon immer getan hat, wird nicht effizienter und schon gar nicht erfolgreicher. Daher ist es gerade am Anfang nötig durchzuhalten, bis sich der Erfolg einstellt. Denn Verhaltensänderungen funktionieren nie von selbst, sondern nur durch die bewusste Konzentration auf die Veränderung. Meistens dauert es sechs Wochen, bis ein neues Verhalten zur Gewohnheit geworden ist.

Verhaltens-änderungen sind schwer messbar

In dieser Zeit helfen Erinnerungspunkte dabei, sich selbst zu überprüfen, ob und inwieweit man das neue Verhalten bereits anwendet. Solche Punkte sind z. B. Vermerke im Terminkalender oder Zeitplanbuch, gut sichtbar angebrachte Haftnotizen, Memokarten oder Checklisten.

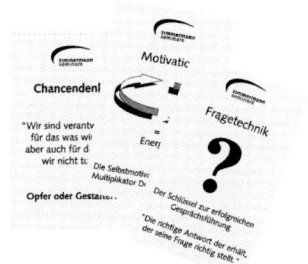

Erinnerungspunkte für neues Verhalten schaffen

Motivation an weichen Faktoren messen

Auch im Bereich der Motivation ist eine gestiegene Effizienz nur schwer messbar und am ehesten an „weichen Faktoren" ablesbar, z. B. an einer Bereitschaft der Mitarbeiter zur Mehrarbeit, an einem besseren Arbeitsklima, an gemeinsamen Treffen in der Freizeit oder am Rückgang von Mobbing.

Im Unternehmensbereich sind viele der gängigen Messgrößen – wie Gewinne, Kapitalrendite, Kapazitätsauslastung, Budgetpläne usw. – nicht unbedingt geeignet, um eine steigende Effizienz zu messen. Denn häufig werden die Resultate erst nach ein bis zwei Jahren in den Bilanzen sichtbar.

Mögliche Parameter im Unternehmen

Geeignet sind hingegen – je nach Zielsetzung der Effizienzsteigerung – z. B. folgende Parameter:

- höherer Grad an Termineinhaltung
- sinkende Anzahl von Reklamationen
- Verbesserung in der Zusammenarbeit mit Lieferanten und Kunden
- höhere Kundenzufriedenheit
- gestiegene Kreativität der Mitarbeiter
- mehr Gesprächstermine mit Neukunden oder Interessenten
- mehr Kundenanfragen

Empfehlung: **Überlegen Sie sich, wie sich die Effizienz in den von Ihnen angestrebten Bereichen am besten messen lässt. Legen Sie dabei nicht nur „harte Zahlen" (Umsätze, Gewinne usw.) zugrunde, sondern denken Sie auch an „weiche Faktoren".**

3. So steigern Sie Ihre persönliche Effizienz

Entwickeln Sie Ihr Fachwissen gezielt weiter

*„Menschen mit einfach und klar strukturiertem
Denken und Wissen werden den Informationssüchtigen
langfristig klar überlegen sein."*

HUGH HECLO

Das Dilemma des Informationszeitalters

Das Informationszeitalter hat uns voll erwischt: Noch niemals hat es so viele Informationen und Informationsquellen gegeben wie heute. Wir sind sowohl von der Quantität der Informationen selbst als auch von der Vielfalt der Kanäle, durch die sie zu uns kommen, überfordert: Bücher, Zeitungen, Zeitschriften, Unternehmenspublikationen, Fernsehen, Video, DVD und Internet zehren an unserem Zeitbudget und beanspruchen abwechselnd oder gleichzeitig unsere Aufmerksamkeit. Vielfach ist schon die Rede vom *Information Overload* oder vom *Data Smog*, von der „Umweltverschmutzung durch zu viele Daten".

Einer amerikanischen Untersuchung zufolge wird heute von einem Manager erwartet, dass er eine Million Wörter pro Woche liest. Der durchschnittliche Leser nimmt nur 100 Wörter pro Minute lesend in sich auf, kann aber seine Lesegeschwindigkeit durch geeignete Techniken (vgl. S. 52 f.) auf 300 bis 500 Wörter steigern. Nehmen wir an, der Manager

Eine Million Wörter pro Woche ...

beherrschte bereits eine solche Technik und würde 300 Wörter pro Minute lesen. In diesem Falle müsste er sich schon knapp 56 Stunden pro Woche allein mit der Informationsaufnahme befassen – und das bei einer Woche, die nur 40 Arbeitsstunden oder weniger hat und noch ganz andere Anforderungen als die Lektüre von Fachinformationen stellt. Aber auch bei einer schon sensationellen Lesegeschwindigkeit von 500 Wörtern pro Minute bräuchte der Manager noch fast 34 Stunden, um alle Informationen in sich aufzunehmen, also noch immer viel zu viel, gemessen am zu leistenden Arbeitspensum.

... sind einfach zu viel Wir alle fühlen, dass wir von der Informationsflut erdrückt werden und nicht alles in uns aufnehmen können, was wichtig wäre. Eine Untersuchung führte zu dem Ergebnis, dass die durchschnittliche Führungskraft heute mit 300 bis 400 Lese- und Arbeitsstunden im Rückstand ist. Das bedeutet, dass wir keine Chance haben, mit allen Arbeiten irgendwann „fertig" zu werden! Immer mehr Menschen resignieren angesichts der Informationsflut und schotten sich ab; sie weigern sich, Informationen überhaupt noch zur Kenntnis zu nehmen. Sie fühlen sich überfordert, und mit dem Hinweis auf „fehlende Zeit" gehen sie vielen nützlichen Informationsquellen aus dem Weg.

Die Bedeutung des Fachwissens
Doch auf der anderen Seite sind wir auf Informationen auch dringend angewiesen:

Fachwissen ist eine wichtige Ressource, die unseren Marktwert als Arbeitskraft in weiten Teile ausmacht und erhält. Für viele „Kopfarbeiter", die in Know-how-intensiven Bereichen tätig sind, ist Fachwissen sogar *die* Profitressource schlechthin.

In einer Informationsgesellschaft wie unserer, in der sich das Wissen in nur wenigen Jahren verdoppelt, ist es mittel- bis langfristig existenzgefährdend, auf einem einmal erreichten Informationsstand stehen zu bleiben. Dies würde bewirken, dass innerhalb weniger Jahre nicht nur der eigene Marktwert sinkt, sondern das Fehlen von Know-how zum Effizienzblocker wird, der die Berufslaufbahn stagnieren ließe oder schlimmstenfalls sogar zur Arbeitslosigkeit führen würde. Umgekehrt kann bereits ein kleiner Vorsprung im Fachwissen eine so enorme Verbesserung bedeuten, dass dies den beruflichen Erfolg maßgeblich beschleunigt.

„Der Kopf trägt 100-prozentig zum Sieg bei"
HANS EBERSPÄCHER

Denn das Fachwissen beeinflusst praktisch alle Bereiche unseres Arbeitslebens. Es hat auch Einfluss auf die Fähigkeiten, die Motivation und die Strategie: Fähigkeiten beziehen sich auf die Umsetzung des Wissens; mit geringem, unzureichendem oder veraltetem Wissen bleiben auch die Fähigkeiten auf der Strecke. Ähnlich verhält es sich mit der Strategie: Nur wer das nötige Know-how hat, kann Strategien, die ihn weiterbringen, auch richtig anwenden. Das entsprechende Wissen ist außerdem ein Motivationsfaktor, denn es gibt uns die Zuversicht, anstehende Aufgaben produktiv bearbeiten und Probleme kompetent lösen zu können.

Investieren Sie daher unter allen Umständen in Ihr Wissen und in seine Weiterentwicklung!

Wie können wir nun das Dilemma zwischen zu vielen Informationen einerseits und der notwendigen Weiterentwicklung des Kenntnisstandes andererseits lösen? Wie wir gesehen haben, ist es unmöglich, auf „Vollständigkeit" zu setzen, da die komplette Aufnahme aller Informationen jenseits des Machbaren liegt. Auch das Zeitmanagement führt an Grenzen, denn selbst die schnellste Aufnahme von Informationen

Das Dilemma lösen

(500 Wörter pro Minute) ist immer noch zu langsam. Hier hilft uns der Ansatz der Effizienz weiter:

> Es gilt, die *gegebene* Zeit zum Informationserwerb so effizient wie möglich zu nutzen – ohne zeitlichen Mehreinsatz.

Wichtige von unwichtigen Informationen unterscheiden

Nicht alle Informationen sind gleich wichtig

Der Begriff „Information", der heute vielfach gebraucht wird, ist eigentlich irreführend: Er setzt nämlich voraus, dass alles Wissen gleich wichtig oder gleich bedeutsam ist. Wir werden jedoch täglich mit einer Flut von Informationen zugeschüttet, die für uns und unser Leben keinerlei Relevanz haben, mit der wir jedoch trotzdem immer wieder auf vielen Kanälen „bombardiert" werden. Dazu gehören z.B. weite Teile der politischen oder täglichen Nachrichten, die uns via Fernsehen, Radio, Internet und Zeitungen zugetragen werden.

Auch etliche aktuelle Informationen aus unserer Branche sind nicht so brandheiß, dass man sie kennen müsste, zumal sie häufig innerhalb weniger Tage veraltet sind. Das Computerzeitalter hat uns für diese Art von Informationen den Begriff „Daten" beschert. Folgende Begriffe sollten klar voneinander unterschieden werden:

Daten sind keine Informationen

- *Daten* sind irrelevante, überflüssige Informationen, die keinen Einfluss auf unser Leben, unsere Arbeit oder unseren Marktwert haben.
- *Informationen* sind wichtige Ressourcen, um unseren Marktwert zu erhalten oder zu steigern.
- *Wissen* sind Informationsressourcen, die so weit verinnerlicht bzw. gelernt wurden, dass sie aktiv angewendet werden können und damit die Fähigkeiten beeinflussen.

Das von dem italienischen Ökonomen Vilfredo Pareto ent- **Pareto-Prinzip**
deckte 80/20-Prinzip besagt, dass eine Minderheit von Ursachen, Energieeinsatz oder Engagement bereits zu einer
Mehrheit der Wirkungen, des Ertrags oder der Ergebnisse
führt. Dies widerspricht zunächst dem sog. „gesunden Men-
schenverstand", der gerne linear denkt und annimmt, dass
50 % des Aufwandes zu 50 % der Ergebnisse beiträgt. Demnach müsste man immer und überall 100 % aufwenden, um
überhaupt eine Aufgabe zu einem erfolgreichen Abschluss zu
bringen. Dies ist jedoch glücklicherweise nicht der Fall!

Das 80/20-Prinzip gilt in weiten Bereichen der Wirtschaft
und des täglichen Lebens und besagt z. B.:

- 80 % der Unternehmensgewinne werden mit nur 20 % der
  Produkte oder Kunden gemacht – und umgekehrt: 80 %
  der Produkte oder Kunden tragen nur 20 % zum Gewinn
  bei.
- 20 % aller Unternehmen einer Branche streichen 80 %
  sämtlicher Erträge ein, während die übrigen 80 % sich die
  restlichen 20 % der Erträge teilen.
- 80 % aller Reklamationen lassen sich auf 20 % aller Fehler
  zurückführen und umgekehrt.
- 20 % der Mitarbeiter erbringen 80 % aller unterneh-
  mensrelevanten Leistungen, während 80 % der Mitarbeiter nur 20 % beitragen.

Das Pareto-Prinzip ist *nichtlinear*. Das bedeutet, dass die Zah-
lenverhältnisse auch anders aussehen können: Sie können
beispielsweise 70/30 oder 90/10 oder 99/1 betragen, wobei
sich die beiden Seiten auch nicht unbedingt zu 100 addieren
müssen.

47

> Das 80/20-Prinzip ist ein zentrales Gesetz und eine intelligente Abkürzung, die nicht nur im Bereich des Fachwissens dazu beiträgt, die Effizienz zu steigern. Entscheidend ist die ungleiche Verteilung zwischen einem Minimum an Aufwand (z. B. 20 %) und einem Maximum an Ertrag (z. B. 80 %).

Verhältnis der Daten zu den Informationen

Meiner persönlichen Schätzung nach beträgt nun das Verhältnis der Daten zu den Informationen ca. 90:10. Lediglich etwa 10 % aller Daten sind somit relevante Informationen, die als Ressourcen einen persönlichen Nutzwert besitzen. Von diesen Informationen wiederum müssen etwa 40 % aktiv beherrscht bzw. gelernt werden, während es bei den übrigen 60 % genügt, sie passiv zu verstehen, zu kennen oder zu wissen, wo man sie im Bedarfsfall nachschlagen kann.

Die 2 S der Informationsverarbeitung: selektieren und suchen

Mit diesem Rüstzeug können wir nun daran gehen, den Informations- und Wissenserwerb effizient zu gestalten, und zwar nach den drei strategischen Merkmalen: Reduktion, Konzentration und Multiplikation. In Bezug auf Informationen bedeutet das: selektieren (filtern) und suchen – das Überflüssige wird selektiert, und das Notwendige wird zielstrebig gesucht.

Den Datenmüll reduzieren und entsorgen

Um neue Zeitfenster und Freiraum zu schaffen, gilt es zunächst, Effizienzblocker aus dem Weg zu räumen:

> Wie viel Zeit verbringen Sie täglich mit der Aufnahme von irrelevanten Daten? Forsten Sie die verschiedenen Bereiche durch und überlegen Sie, wie sich der Zeiteinsatz minimieren lässt.

Denken Sie z. B. an die Fernsehnachrichten: Ist es wirklich nötig, sie täglich mehrfach anzuschauen? Dies kostet bereits je nach Sendung 15 bis 30 Minuten Zeit. Bei drei Nachrichtensendungen täglich sind dies bereits 22,5 bis 45 Stunden *pro Monat* und 11,25 bis 22,5 *volle Tage pro Jahr.* Setzt man den Tag statt mit 24 Stunden lediglich mit acht Arbeitsstunden an, so entspricht dies 33,75 bis 67,5 Arbeitstagen in nur einem Jahr. Wenn man sich überlegt, was man in 33 bis 67 Arbeitstagen zur Verbesserung seiner Lebensqualität, zur persönlichen Weiterentwicklung oder zum Erreichen seiner beruflichen Ziele tun könnte, so ist dies sehr viel Zeit!

Beispiel Fernsehnachrichten

Kleine, täglich eingesparte Zeitkontingente führen, über Monate und Jahre gesehen, bereits zu beträchtlichen Summen und addieren sich zu vielen Arbeitstagen auf. Es gilt, diese *effizient* zu nutzen, anstatt sie mit unwichtigen, irrelevanten Tätigkeiten oder Daten anzufüllen.

Ist es nötig, jeden Tag die Zeitung zu lesen? Statt Tageszeitungen gibt es auch Wochenzeitungen oder -magazine, die weniger Lesezeit beanspruchen. Eine weitere Möglichkeit, sich schnell und zudem oft noch kostenlos einen Informationsüberblick zu verschaffen, sind E-Mail-Newsletters. Mehrere große Tages- und Wochenzeitungen, wie *Spiegel online* und *Focus,* bieten die Möglichkeit, sich täglich über Aktuelles in Politik, Wirtschaft und Sport zu informieren. Übersichtlich und nach Sachgebieten geordnet, erhält der Leser kurze Headlines, die sich innerhalb einer Minute lesen lassen. Interessiert ein Thema besonders, so kann man dazu gezielt einen längeren Artikel abrufen, der in ein bis zwei weiteren Minuten lesbar ist. Meiner Erfahrung nach lassen sich die politischen Nachrichten auf diese Weise täglich innerhalb von zwei bis fünf Minuten aufnehmen. Auch andere mehrstündige Fernsehmagazine, die der politischen oder wirtschaftlichen Information dienen, lassen sich meist nach Aus-

Nachrichten nicht täglich oder in wenigen Minuten

strahlung der Sendung innerhalb weniger Minuten im Internet nachlesen.

Zeitschriften ausmisten

Welche Zeitschriften und Magazine lesen Sie? Welche sind wirklich relevant im Hinblick auf den persönlichen Nutzwert für Sie? Welche sind längst zur Gewohnheit geworden, ohne dass die Informationen darin noch von Bedeutung für Sie sind? Lesen Sie überhaupt alle abonnierten Zeitschriften und Magazine, oder bleiben, wie bei den meisten Menschen, etliche davon ungelesen liegen?

Wenn Sie mehrere Zeitschriften zum gleichen Fachgebiet lesen, werden Sie wahrscheinlich auch schon festgestellt haben, daß die Inhalte häufig identisch oder sehr ähnlich sind. Die Konkurrenz schreibt gerne voneinander ab; daher genügt meist *eine* Zeitschrift pro Fachgebiet, um auf dem Laufenden zu bleiben.

Ab in die Mülltonne

Was machen Sie mit den gelesenen oder ungelesenen Zeitschriften? Bei vielen Menschen stapeln sie sich über Jahre im Keller oder auf dem Dachboden. Doch das ist wenig sinnvoll, denn eine „zugestopfte" Wohnung oder ein „zugestopftes" Haus zieht Energien ab. Für Datenmüll gibt es nur eines: *die Mülltonne!*

Das gilt besonders auch für den PC: Häufig sammeln sich Daten aller Art, auch ungelesene, auf der Festplatte. Unter dem Vorwand „das kann ich vielleicht noch mal gebrauchen" oder „das lese ich später, wenn ich Zeit habe" (Effizienzblocker!) sammelt sich vieles an, das nur Platz und Ressourcen verschwendet. Eliminieren Sie auch Ihren Datenmüll auf dem PC konsequent, sonst unterliegen Sie der Gefahr, darin zu ertrinken. Das Suchen von Informationen auf dem PC kostet bei der Fülle von Dateien und Ordnern, die wir alle mittlerweile gespeichert haben, überflüssige Zeit, die weiter anwächst, je voller die Festplatte wird.

Aufgabe

Legen Sie eine Liste mit sämtlichen Informationsquellen (Zeitungen, Zeitschriften, Magazinen, E-Mail-Newslettern usw.) an, die Sie derzeit lesen. Alle, die Sie schon längst nicht mehr interessieren, die überwiegend irrelevante oder doppelte Informationen enthalten, sollten Sie stornieren oder wegwerfen!

Relevante Informationen erschließen

Welche Informationsquellen sind nun wirklich relevant, welche stellen eine echte Ressource dar und würden Sie nach vorne bringen, weil sie einen Unterschied machen? Allgemein gibt es folgende Quellen:

Informationsquellen

- der berufliche Alltag
- Printmedien: Bücher, Zeitungen, Zeitschriften, Magazine
- das Internet
- Datenausschnittdienste bzw. Presseausschnittagenturen
- eigene Fehler (die beste Lernquelle für Erfahrungswissen – vorausgesetzt, man kann sie zugeben!)
- Kurse, Seminare und Vorträge
- Messen und Kongresse
- die Befragung von Kollegen

Jeder Mensch hat bevorzugte Quellen, und nicht jeder wird alle Quellen gleich intensiv nutzen. Ganz verschließen sollte man sich jedoch keiner der Quellen. Hand aufs Herz: Wann haben Sie zum letzten Mal ein fachlich relevantes Buch gelesen? Oder ein Seminar besucht? Mit dem bereits geschaffenen Zeitfenster haben Sie nun mehr Raum, um sich fortzubilden und um sich auf solche Informationsquellen zu konzentrieren, die Sie weiterbringen.

Weitere Zeitfenster schaffen

Leute, die geschäftlich viel reisen, verbringen pro Jahr 500 bis 1.000 Stunden im Auto oder in der Bahn. Diese Zeiten lassen sich gezielt für produktive Tätigkeiten nutzen. Wer viel mit der Bahn fährt, sollte überlegen, ob er nicht besser erster Klasse reist. Der Mehrpreis wird dadurch aufgewogen, dass man ungestörter arbeiten kann, weil die Abteile meist sehr viel leerer und besser ausgestattet sind.

> **Sie können weitere Zeitfenster schaffen, indem Sie unproduktive Rest- oder Wartezeiten gezielt nutzen. Dazu gehören z. B. Bahnfahrten, das Stehen im Stau sowie geplatzte oder verschobene Termine.**

Bücher effizienter lesen

Bücher sind eine wichtige Informationsquelle für nahezu jeden von uns. Sie enthalten meist gründlichere und umfassendere Informationen als Zeitschriften oder Internet-Artikel. Leider steht das Bücherlesen bei vielen nicht sehr hoch im Kurs. Doch auch hier gibt es die Abhilfe, die zur Steigerung der Effizienz beiträgt:

- Viele Bücher gibt es inzwischen als *Hörbücher*. Nutzen Sie unproduktive Zeiten wie längere Autofahrten zum Hören der Bücher.
- Von weit über 1.000 Wirtschaftsbüchern gibt es heute Zusammenfassungen oder Abstracts, die via Internet oder als Zeitschriftenabonnement abrufbar sind, z. B.

www.business-bestseller.com, *www.getabstract.com* und *www.acht-seiten-skript.de*. Sie erhalten auf ein bis acht Seiten jeweils die Kurzfassung eines Buches mit den wesentlichen inhaltlichen Aussagen. Anhand dieser *Essentials* können Sie dann entscheiden, ob sich die Lektüre des ganzen Buches überhaupt lohnt.

Rationeller lesen

Falls es nötig ist, längere Texte wie z. B. Bücher zur Gänze zu lesen, dann lässt sich auch dies mit geeigneten Methoden effizienter gestalten. Folgende Lesetechniken haben sich zur Beschleunigung des Lesevorgangs bewährt: **Lesetechniken**

- Beim *diagonalen Lesen* wird der Text jeder Seite von links oben nach rechts unten in einer Diagonale gelesen.
- Beim *Querlesen* wird jeweils das erste und das letzte Wort jeder Zeile mit den Augen fixiert.
- Bei der *Slalomtechnik* fahren die Augen in Form eines Slaloms in der ersten Zeile von links nach rechts, dann in der nächsten Zeile von rechts nach links, in der übernächsten wiederum von links nach rechts usw.
- Beim *peripheren Lesen* wird die Blickspanne so vergrößert, dass statt einem Wort mehrere Wörter gleichzeitig aufgenommen werden. Darin liegt das „Geheimnis", es auf eine Lesegeschwindigkeit von 300 bis 500 Wörtern pro Minute zu bringen.
- Eine noch recht neue Methode ist das *Photoreading*: Dabei wird der Text gar nicht mehr gelesen, sondern entspannt unbewusst Seite für Seite beim bloßen Blättern aufgenommen.

All diese Methoden kann man in Seminaren und Kursen oder im Selbststudium erlernen. Auf diese Weise lässt sich die Lesezeit eines Buches von mehreren Stunden oft auf maximal 30 Minuten verkürzen. Und nach der 80/20-Regel nehmen wir bereits in 20 % der Zeit 80 % des Inhalts auf.

> Zum Lesen gehört es außerdem, Inhaltsverzeichnisse, Kapitelüberschriften, Zwischentitel, Grafiken, hervorgehobene Sätze und Marginalien als Orientierung zu verwenden, was überhaupt lesenswert ist und was getrost übergangen werden kann.

Das vorliegende Buch ist in dieser Hinsicht ein gutes Beispiel, weil es für Sie als Leser viele übersichtliche „Halte- und Entscheidungspunkte" liefert, welche Infos Sie aufnehmen wollen.

Die Informationen auswerten und archivieren

Bereits während des Lesens sollten Sie überlegen, wie Sie die Informationen in Zukunft verwenden und wiederauffinden können. Markieren Sie daher wichtige Begriffe oder Textabschnitte in verschiedenen Farben (Textmarker), verwenden Sie Haftnotizzettel (Post-its) und andere Hilfsmittel, die Ihnen die Auswertung und Weiterverarbeitung der Informationen erleichtern.

> Auf keinen Fall sollten Sie jedoch versuchen, schon während des Lesens den Inhalt im Gedächtnis zu behalten! Das wäre eine Verwechslung von Informationsaufnahme und Lernen und würde Ihre Lesegeschwindigkeit auf Schneckentempo herabsenken.

Nicht auswendig lernen! In der Schule waren wir zwar vielfach daran gewöhnt, gleichzeitig zu lesen und zu lernen – gerade deshalb ist uns auch die Freude daran gründlich vermiest worden! –, aber heutzutage wäre das nicht nur völlig ineffizient, sondern auch in Anbetracht der aufzunehmenden Informationsmenge unmöglich.

54

Statt die Informationen auswendig zu lernen, sollten Sie sich ein sinnvolles Archivierungssystem ausdenken, das es Ihnen ermöglicht, die wichtigen Fakten jederzeit mühelos wiederzufinden. Wiederkehrende Stich- und Schlagwörter, ggf. mit verschiedenen Unterbegriffen, sind eine gute Möglichkeit, Informationen aufzubewahren, gleich ob in Aktenordnern, Hängeregistern oder auf dem PC in Form von Dateien.

System zur Archivierung ausdenken

Falls Sie Informationen sowohl in Printform als auch elektronisch aufbewahren müssen, ist es empfehlenswert, für beide Archivierungsformen *dieselben* Schlag- und Stichwörter zu verwenden, um unnötige Suchzeiten zu vermeiden.

Sie werden feststellen, dass selbst in umfangreichen Informationsquellen wie Büchern oder Zeitschriften immer nur wenige Informationen für Sie wirklich wertvoll sind. Ziehen Sie diese gezielt heraus, und werfen Sie alles Übrige weg. Oft beträgt das Verhältnis der gelesenen zu den wirklich brauchbaren Informationen nur 95 : 5 %. Ihre Altpapiertonne wird sich freuen!

Nur wenige Infos wirklich brauchbar

Mit Hilfe von Memotechniken Wissen besser behalten

Die weitaus meisten Informationen, die wir aufnehmen und die auch langfristig einen Wert für uns haben, brauchen wir nicht zu lernen in dem Sinne, dass wir sie auswendig können müssen, um sie dann aktiv anzuwenden. Bei einigen wenigen Informationen hingegen ist dies der Fall. Sie können und sollten gelernt werden.

Lernformel

> Unser Gehirn arbeitet nach der Formel:
> *Dauer x Häufigkeit x emotionale Intensität*
> Dies ist die Grundlage für das Lernen und Behalten neuer
> Informationen sowie für Verhaltensänderungen.

Alles, was wir lange getan (Dauer), häufig wiederholt und/ oder emotional intensiv erlebt haben, bleibt gut im Gedächtnis haften. Gerade darum lernen wir aus Fehlern sehr gut, weil sie uns aufgrund ihrer Peinlichkeit oder Schwierigkeit, mit der die Situation verbunden war, oft besonders gut in Erinnerung bleiben.

Lerntypen

Um Informationen langfristig zu behalten, ist es wichtig, den eigenen Lerntyp zu kennen und zu beachten:
- Der *visuelle Typ* lernt „mit den Augen", indem er sich Bilder, Filme, Fotos usw. anschaut.
- Der *auditive Typ* lernt „mit den Ohren". Für ihn sind Vorträge, Diskussionen, Gespräche, Hörbücher usw. optimal.
- Der *motorische Typ* schließlich lernt „durch Bewegung": Er muss den Lernstoff durch Experimente, technische Konstruktionen, Körperbewegungen usw. in sich aufnehmen.

> Memotechniken dienen dazu, sich abstrakte Lerninhalte anschaulich einzuprägen, anstatt den Stoff durch mechanisches Einpauken, das meist länger dauert und ineffizient ist, zu behalten.

Memotechniken

Begriffliche Hilfen zur Einprägung von Fakten sind folgende:
- die *Bildung von Kunstwörtern:* In der Fahrschule z. B. lernt der Fahranfänger, worauf er beim Auto achten muss: auf Wasser, Öl, Luft, Kraftstoff und Elektrizität. Die Anfangsbuchstaben dieser Wörter bilden das Wort WOLKE.

▓ die *Erfindung einer kleinen Geschichte* rund um wichtige Begriffe oder Ziffern. Den Zahlen 0 bis 9 können z. B. entsprechend ihrer Form Symbole zugeordnet werden:

0 = Ei, 1 = Ski, 2 = Schwan, 3 = Schlange, 4 = Stuhl,
5 = Sichel, 6 = Tennisschläger, 7 = Sense, 8 = Eieruhr,
9 = Luftballon.

Die Telefonnummer 789 420 ergibt dann die Geschichte: Der Sensenmann mit der Eieruhr hat einen Luftballon in der Hand. Er setzt sich auf einen Stuhl, bis ein Schwan kommt, der ein Ei im Maul trägt.

▓ Bei der *Zweierverbindung* werden mit Hilfe einer Vorstellung zwei unterschiedliche Begriffe eingeprägt. Der Name „Schmiedbach" lässt sich z. B. als „Schmied am Bach" gut behalten.

Zusammenfassung

Arbeiten Sie kontinuierlich daran, durch den Erwerb von Informationen und Wissen in Ihrem Fachgebiet besser zu werden, um Ihren Marktwert und damit Ihre Profitressource zu erhöhen. Durch Konzentration auf die wesentlichen Informationen und Informationsquellen, durch Eliminierung überflüssiger Daten sowie durch gezielte Zeiteinsparung schaffen Sie sich die nötigen Zeitfenster, um die wirklich wichtigen Informationen aufzunehmen. Auf diese Weise ist Ihre Informationsverarbeitung effizient, und Sie brauchen nicht mehr Zeit, als Sie bisher schon aufgewendet haben.

Aufgabe

Zur effizienten Gestaltung der Informationsverarbeitung beantworten Sie folgende Fragen. Am besten, Sie legen sich für jede Antwort eine kleine Liste an, die Sie anschließend abarbeiten.

1. Welche Daten, die Sie bisher gelesen oder gesammelt haben, brauchen Sie nicht?

_____

_____

2. Wie können Sie diesen Datenmüll entsorgen und in Zukunft meiden?

_____

_____

3. Wie hoch berechnen oder schätzen Sie den Zeitspareffekt ein, der sich daraus ergibt?

_____

_____

4. Welche Art von Informationen sind unentbehrlich, um Ihren gegenwärtigen Marktwert langfristig zu erhalten?

_____

_____

5. Welche Art von Informationen könnten dazu beitragen, Ihren bisherigen Marktwert mittel- bis langfristig zu erhöhen?

_____

_____

6. Wie und in welchen gewonnenen Zeitfenstern wollen Sie sich die unentbehrlichen Informationen ab jetzt aneignen (Informations-quellen, Lesetechnik, Archivierungssystem)?

_____

_____

Bringen Sie Ihre individuellen Fähigkeiten zur Entfaltung

> *„Der Großteil eines erfolgreichen Lebens*
> *liegt in der Fähigkeit, die wichtigsten Dinge*
> *zuerst anzupacken. Tatsächlich werden*
> *die meisten Hauptziele deshalb nicht erreicht,*
> *weil wir unsere Zeit damit verbringen,*
> *zweitrangige Dinge zuerst zu tun."*
>
> ROBERT J. McKAIN

Warum die Fähigkeiten häufig zu kurz kommen

Ihre individuellen Fähigkeiten sind eine Ihrer wichtigsten Profitressourcen. Fähigkeiten sind der Transformationsrie-men zwischen Ihrem Wissen und Ihrem Tun, was Erfahrung mit einschließt. Ihre speziellen Fähigkeiten sind die Antwort auf die Frage, wofür Sie Ihr Gehalt oder Einkommen bezie-hen.

Fähigkeiten und Erfahrung

> Jeder Mensch verfügt über Fähigkeiten, die ihn von anderen unterscheiden und die seinen persönlichen Wert auf dem Arbeitsmarkt bzw. für seinen Arbeitgeber ausmachen.

Effizienzblocker behindern die Fähigkeiten

In der Arbeitswelt werden wir dafür bezahlt, dass wir spezifisch messbare Ergebnisse erbringen, und zwar unter Einsatz unserer individuellen Fähigkeiten. Wir werden dafür bezahlt, dass wir auf diese Weise einen wertvollen Beitrag zum Ganzen leisten.

Daher wäre es eigentlich nur logisch, wenn wir den größten Teil unserer Arbeitszeit auch damit verbrächten, unsere Fähigkeiten voll zum Einsatz zu bringen. Doch leider sieht die Wirklichkeit anders aus: Viele Menschen erleben tagtäglich, dass ihre Arbeitszeit überwiegend mit nebensächlichen Dingen angefüllt ist, dass sie nicht fertig werden mit dem, was sie sich vorgenommen haben, dass ihr Arbeitstag unproduktiv und unbefriedigend verläuft. Effizienzblocker haben sich ausgebreitet und verhindern die Entfaltung der Fähigkeiten. In diesem Kapitel haben Sie Gelegenheit, Ihre Effizienzblocker zu erkennen und aus dem Weg zu räumen, um Ihren Fähigkeiten mehr Raum zu geben. Damit erhöhen Sie nicht nur Ihre Effizienz, sondern auch Ihre Arbeitszufriedenheit.

Aufgabe
Welche sind Ihre drei herausragendsten Fähigkeiten, die über Ihren Marktwert entscheiden?

1. _____

2. _____

3. _____

Schätzen Sie auf einer Skala von 1 bis 10 ein, wie viel Prozent Ihrer Arbeitszeit Sie dafür einsetzen? (1 = werden kaum eingesetzt, 10 = werden voll eingesetzt)

_____

_____

Woran liegt es Ihrer Meinung nach, wenn Ihre Fähigkeiten nicht genug zur Geltung kommen?

_____

_____

Welche Möglichkeiten fallen Ihnen spontan ein, um Ihre Fähigkeiten weiterzuentwickeln, um also Ihren Marktwert langfristig zu erhöhen?

_____

_____

Sich vom Dringenden nicht vereinnahmen lassen

Wie wir schon beim Faktor Fachwissen gesehen haben, ist es heute unmöglich geworden, mit allen anfallenden Arbeiten zeitlich „fertig" zu werden. Der Überhang von 300 bis 400 Arbeitsstunden, den jeder von uns sowieso hat, wird immer größer, je mehr in den Unternehmen heute verlangt wird und je weniger Mitarbeiter vorhanden sind, um die Arbeit zu bewältigen. Wir müssen also einen Weg finden, um unsere Ziele zu erreichen, indem wir unseren Wirkungsgrad erhöhen.

Der erste Schritt besteht darin, das Wichtige vom Dringenden zu unterscheiden.

Wichtig ≠ dringend

> ▨ *Dringend* ist alles, was unter dem Diktat von Terminen steht.
>
> ▨ *Wichtig* ist alles, was langfristig Ihren Zielen, also der Erhaltung oder Weiterentwicklung Ihrer Fähigkeiten als Profitressource, dient.

Ein normaler Arbeitstag

Meist beginnt der Tag mit guten Vorsätzen: Wir nehmen uns vor, etwas zu tun, das uns wirklich am Herzen liegt und in die Kategorie „wichtig" fällt. Doch dann kommt es ganz anders: Es trudeln zehn E-Mails ein, die sofort beantwortet werden müssen, weil sonst die Produktion nicht weiterkommt; drei Kollegen platzen unerwartet zur Tür herein und bitten um die Mithilfe bei *eiligen* Aufgaben; überraschend wird eine *dringende* Besprechung einberufen, um ein *plötzlich* aufgetretenes Problem ohne zeitliche (= finanzielle) Verzögerung im Betrieb lösen zu können; außerdem ist noch ein Bericht fertig zu schreiben, der *morgen früh* auf dem Tisch des Vorgesetzten liegen muss …

Die wichtige Aufgabe hingegen, die wir uns eigentlich vorgenommen haben, *hat noch Zeit;* sie ist nicht eilig, und man kann sie auch noch zu einem späteren Zeitpunkt erledigen. So kommt es, dass wir uns leichthin dem Diktat des Dringenden beugen und das Wichtige dem Dringenden opfern. Am Ende eines in viele kleine Aufgaben zerstückelten Arbeitstages haben wir dann zwar viel erledigt, aber nichts geschafft; stattdessen *sind wir* dann geschafft, weil ein schales Gefühl des Unbefriedigtseins zurückbleibt.

Das Dringende schreit, das Wichtige schweigt

Die wichtige Aufgabe lag in der Schublade und sagte vornehm-zurückhaltend: „Ich will mich nicht aufdrängen"; die dringenden Arbeiten jedoch schrien lauthals: „Wir müssen unbedingt heute erledigt werden." Auf dieses Geschrei reagierten wir, anstatt zu agieren und unseren Arbeitstag aktiv selbst zu gestalten. Das Resultat war operative Hektik – bei manch einem sogar bei geistiger Windstille. Arbeit bzw. Beschäftigtsein wird oft mit Leistung verwechselt.

Das Wichtige ist fast nie dringend; wenn man es allerdings zeitlich zu lange hinausschiebt, dann kann es dringend werden; ist das Wichtige dringend geworden, so ist es bereits kurz davor, zum Effizienzblocker zu werden, falls es nicht mehr rechtzeitig fertig wird. Umgekehrt ist das Dringende fast nie wichtig; meist handelt es sich nur um aktuelle Aufgaben, die langfristig keinen Einfluss auf unsere Fähigkeiten ausüben. Beide, das Wichtige und das Dringende, unterliegen zwei völlig verschiedenen Perspektiven:

Merkmale	Das Wichtige	Das Dringende
Fokus	Produktivität	Termin, Zeit
Wirkungsgrad	langfristig hoch, kurzfristig niedrig	kurzfristig hoch, langfristig niedrig
Handlungsperspektive	Ziel, Erfolg	Augenblick, Tagesgeschehen
Ergebnis	Zielerreichung	Aktionismus
Verhalten	selbstbestimmt	fremdbestimmt
Zeitsouveränität	persönliches Zeitfenster	Fremdtermin
Bewertung	Profitressource, Effizienz	Zeitfresser, Effizienzblocker

Unterschiedliche Perspektiven des Wichtigen und des Dringenden

> Was wir in unserem Arbeitsalltag schaffen, ist immer eine Frage dessen, worauf wir uns konzentrieren. Solange wir uns auf das Dringende fokussieren, bleiben wir ineffizient. Den Fokus hingegen auf das Wichtige zu legen, erweitert unsere Ressourcen und führt zu mehr Selbstbestimmung.

Die Fähigkeit, jeden Tag die wichtigste Aufgabe zu erledigen und abzuschließen, entscheidet über unsere Effizienz. Sie ist der Schlüssel zu unserem Erfolg wie auch zu dem des Unternehmens oder der Kunden, für die wir arbeiten. Wer es sich zur Gewohnheit macht, jeden Tag *zuerst* die wichtigste Aufgabe anzugehen – und zwar ohne Zögern oder Zaudern –, kann ein hohes Leistungs- und Produktivitätsniveau halten.

Brandstifter Wer hingegen überwiegend dem Diktat des Dringenden folgt und dabei das Wichtige vernachlässigt, ist dauernd in Hektik, weil er damit beschäftigt ist, Brände zu löschen. Dabei legt er an anderer Stelle womöglich noch viel schlimmere Brände:

> Bedenken Sie, dass jede wichtige Aufgabe, die *Sie* nicht oder verspätet erledigen, nicht nur Konsequenzen für Ihren Arbeitsbereich hat, sondern sich auch auf die Arbeit im Betrieb negativ auswirkt. Schnell entsteht ein „Rückstau", der nicht nur zum Effizienzblocker für Sie, sondern auch für Ihre Kollegen wird. Die im ersten Kapitel zitierten Statistiken zeigen, welches Ausmaß die Ineffizienz bereits in deutschen Unternehmen angenommen hat.

Klare Prioritäten setzen

Zwar können wir nicht allen dringenden Aufgaben aus dem Weg gehen, aber dennoch ist es möglich, das Wichtige zu erledigen. Nach dem Pareto-Prinzip ist es nämlich so, dass das Wichtige im Vergleich zum Dringenden quantitativ den kleineren Teil ausmacht und trotzdem den größten Anteil am Erfolg hat.

Pareto-Prinzip bei den Aufgaben

Es ist üblich, Aufgaben nach A-, B- und C-Priorität zu gliedern. A-Aufgaben sind am wichtigsten; sie tragen am meisten zur Zielerreichung bei und machen das aus, wofür wir bezahlt werden. Im Bereich der A-Aufgaben leben wir unsere Fähigkeiten aus, setzen unser Wissen in Handeln um und haben auch die Gelegenheit, uns weiterzuentwickeln. Der Umfang der A-Aufgaben beträgt nach allgemeinen Schätzungen nur 15 % aller Aufgaben, obwohl sie andererseits einen Anteil von 65 bis 85 % an der Zielerreichung haben.

A-Aufgaben

B- und C-Aufgaben sind häufig dringend, wobei mit B-Aufgaben meist delegierbare Arbeiten gemeint sind und mit C-Aufgaben Routinearbeiten. B- und C-Aufgaben umfassen quantitativ 85 % aller Arbeiten, während ihr Wert für die Zielerreichung nur bei 15 bis 35 % liegt. Für den Umgang mit B- und C-Aufgaben werden im Folgenden einige Strategien vorgestellt.

B- und C-Aufgaben

Weil die wichtigsten Aufgaben nur den kleinsten Teil an der gesamten Arbeit ausmachen, sollten sie sich bei effizientem Vorgehen auch mühelos bewältigen lassen.

Aufgabe

Welches sind Ihre A-, B- und C-Aufgaben? Schätzen Sie den Mengen- und Zeitanteil der drei Aufgabentypen sowie ihren Anteil am Erfolg für Ihren Bereich ein. Notieren Sie auch, wie viel Zeit Sie mit den jeweiligen Aufgaben tatsächlich zubringen.

Art der Aufgabe	Mengenanteil	Anteil am Erfolg	Aufge- wendete Zeit
A-Aufgaben			
B-Aufgaben			
C-Aufgaben			

Sich von den Kletten befreien

Klettverschlüsse … Klettverschlüsse haben auf der einen Seite eine aufgeraute Oberfläche mit lauter kleinen Ösen und auf der anderen Seite eine Fläche mit vielen kleinen Widerhaken. Verbinden sich die Haken mit den Ösen, so schließt der Mechanismus.

… gleichen manchen Menschen Manche Menschen verhalten sich genauso wie die beiden Teile von Klettverschlüssen zueinander. Einige haben kleine Ösen auf dem Rücken und dazu ein Schild mit der Aufschrift: „Ich nehme jede Aufgabe an, die nicht in meinen Arbeitsbereich fällt." Andere haben Widerhaken auf dem Rücken und ein Schild mit dem Satz: „Ich möchte unangenehme Aufgaben nicht selbst erledigen." Treffen sich die Haken und die Ösen, dann sind sie bald unzertrennlich – und der Arbeitstag ist schnell gelaufen!

Herr Öse geht z. B. gerade zufällig über den Flur und grüßt seinen Kollegen, Herrn Haken. „Guten Morgen", sagt Herr Öse freundlich. Nachdem Herr Haken ebenfalls gegrüßt hat, fragt er sofort: „Kann ich Sie einen Augenblick sprechen?" Herr Öse ist natürlich einverstanden. Aus dem „Augenblick" werden mindestens 30 Minuten, in denen Herr Haken seinem Kollegen sein Leid mit einem Arbeitsproblem klagt. Da Herr Öse weiß, wie sich das Problem lösen lässt, verspricht er schnelle Abhilfe und kehrt mit einem Problem mehr in sein Arbeitszimmer zurück, das nicht seines ist. Da hat sich unversehens eine C-Aufgabe im Klettverschluss verfangen. Es wird nicht die einzige im Laufe des Tages bleiben, denn ein Haken kommt selten allein.

Herr Öse und Herr Haken treffen sich

Es gibt Menschen, die fremde Aufgaben geradezu magisch anziehen. Sie sind auch bei allen Kollegen für ihre Hilfsbereitschaft bekannt, so dass sie viel und gern kontaktiert werden. Häufig sind es gerade Vorgesetzte, die als Ösen für ihre Mitarbeiter dienen und dann nicht mehr dazu kommen, ihre eigenen Arbeitsaufgaben zu bewältigen. Sie verzetteln sich, während sie die Aufgaben ihrer Mitarbeiter erledigen.

Fremde Aufgaben …

**... kosten oft mehr
Zeit als geplant**

Hinzu kommt, dass etliche Aufgaben, die wir an uns ziehen, obwohl sie nicht in unseren Bereich gehören, mehr Zeit in Anspruch nehmen als ursprünglich angenommen. Man denkt, die Sache wäre in wenigen Minuten erledigt, doch dann sind Unterlagen nicht parat oder Personen können telefonisch nicht erreicht werden. Nun wird gleich ein ganzer Vorgang daraus; eine Wiedervorlage muss angelegt werden, und das Ganze zieht sich über mehrere Tage hin, wobei es immer wieder Zeit von wichtigeren Aufgaben abzieht.

Es gibt sieben verschiedene Gründe, warum Menschen zu Kletten für fremde Aufgaben werden:

- die Unfähigkeit, Nein zu sagen
- falsche oder übertriebene Hilfsbereitschaft (Rettersyndrom)
- geringes Vertrauen in die Mitarbeiter bei Vorgesetzten
- das Bedürfnis, sich zu profilieren
- Unsicherheit in der Bewältigung der A-Aufgaben, während man sich bei einfacheren B- und C-Aufgaben sicher fühlt
- fehlende oder falsche Delegation
- fehlende Motivation, A-Aufgaben anzupacken

Mit dem letzten Punkt, der Motivation, werden wir uns im nächsten Kapitel ausführlich beschäftigen. Die übrigen Gründe werden wir hier behandeln.

Aufgabe

Sind Sie eine Klette? Beantworten Sie die folgenden Fragen, um festzustellen, inwieweit Sie fremde Aufgaben anziehen:

	Ja	Nein
Schaffen Sie Ihre Arbeit nie oder selten in Ihrer Arbeitszeit?	☐	☐
Machen A-Aufgaben einen Anteil von weniger als 10 % Ihrer Arbeitszeit aus?	☐	☐
Machen Sie lieber Dinge selbst, bevor Sie Ihre Mitarbeiter darum bitten?	☐	☐
Türmen sich auf Ihrem Schreibtisch unerledigte Akten?	☐	☐
Haben Sie oft das Gefühl, das etwas schief geht, wenn Sie es nicht selbst tun?	☐	☐
Übernehmen Sie für andere Kollegen regelmäßig deren Aufgaben?	☐	☐
Macht es Ihnen mehr Spaß, für andere Aufgaben zu übernehmen, die Ihnen leicht fallen, als bestimmte eigene Aufgaben zu bearbeiten?	☐	☐
Gibt es wiederholte Klagen oder Beschwerden von Kollegen oder Vorgesetzten, weil bei Ihnen Aufgaben nicht rechtzeitig fertig geworden sind?	☐	☐

Wenn Sie mehr als drei Fragen mit Ja beantwortet haben, dann ziehen Sie möglicherweise mehr als nötig fremde Aufgaben an.

Die Kletten abschütteln

Nein sagen Ein klares Nein auszusprechen, fällt vielen Menschen schwer. Häufig wird es nur ein Jein oder gleich ein Ja. Dahinter kann z. B. das Gefühl stecken, zu Gegenleistungen verpflichtet zu sein, oder auch die Sorge, ansonsten nicht akzeptiert zu werden. Oft lassen wir uns dabei von unbewussten Ängsten manipulieren. Durch ein ebenso höfliches wie entschiedenes und klares Nein gewinnen Sie jedoch mehr, als Sie verlieren könnten. Die Kollegen werden es nach einer Weile akzeptieren, dass Sie sich nicht mehr vor ihren Karren spannen lassen.

> Mit Ihrem Nein zu den Erwartungen anderer lösen Sie sich aus Abhängigkeiten und gewinnen zeitliche Freiräume, die sich effizienter für wichtige Aufgaben nutzen lassen. Sie haben ein Recht auf Ihr Nein!

Rettersyndrom Das Rettersyndrom ist in unserer Gesellschaft weit verbreitet: Man fühlt sich zwanghaft verpflichtet, anderen zu helfen, selbst wenn diese ihre Probleme eigentlich selbst lösen müssten. Machen Sie klar, dass Sie, insbesondere als Vorgesetzter, Ihren Mitarbeitern mehr helfen, indem Sie sie ihre Aufgaben selbst erledigen lassen. Denn gerade dafür wurden sie ja eingestellt. Und eben darum dürfen Sie auch Vertrauen in die Fähigkeiten Ihrer Mitarbeiter haben! Der Zuwachs an Selbständigkeit für Ihre Mitarbeiter bedeutet zugleich einen Zuwachs an frei verfügbarer Zeit für Sie.

Mitarbeiter anleiten Mitarbeiter, die noch nicht ganz „fit" in ihrem Bereich sind, brauchen vielleicht für eine begrenzte Zeit eine Anleitung durch ihren Vorgesetzten, aber keineswegs auf Dauer.

Legen Sie von vornherein klar fest, dass Mitarbeiter, die mit einem Problem zu Ihnen kommen, selbst ein bis zwei Lösungsvorschläge mitbringen müssen, anstatt sich die fertige Lösung bei Ihnen einfach nur abzuholen.

Nach einer Weile werden sie im Finden von Lösungen so routiniert sein, dass sie Ihre Hilfe gar nicht mehr benötigen. Und Sie haben eine Klette weniger, die Zeit kostet.

Sich profilieren wollen

Häufig steht dem Bedürfnis, sich zu profilieren, ein Minderwertigkeitsgefühl gegenüber: Man beherrscht eine wichtige Sache weniger gut und versucht, dies auf der anderen Seite durch übermäßige Profilierung auszugleichen. Bei Mitarbeitern, die in eine Vorgesetztenposition aufgerückt sind, ist dies z. B. manchmal der Fall: In Aufgabengebieten, die heute B- oder C-Charakter haben, fühlen sie sich sicher, weil sie sie ja selbst früher als A-Aufgaben bearbeitet haben; die neuen A-Aufgaben hingegen bereiten noch Kopfzerbrechen. Da ist man nur allzu geneigt, sich von unwichtigen, aber dringenden Anfragen der Mitarbeiter ablenken zu lassen, um sich ihnen gegenüber als Könner darzustellen und um sich von den wichtigen Aufgaben abzulenken, die noch nicht so gekonnt ablaufen.

Effizient unter Zeitdruck

Überlegen Sie, wie Sie sich verhalten würden, wenn Sie morgen in Urlaub fahren wollten und zuvor unbedingt eine wichtige A-Aufgabe fertig stellen müssten. Würden Sie dann auch alle möglichen „dringenden" Tätigkeiten erledigen oder unbedingt diesem oder jenem Kollegen oder Mitarbeiter helfen wollen? Vermutlich nicht! Unter Zeitdruck verhalten wir uns alle fast automatisch effizient. Nur wenn es scheinbar nicht darauf ankommt, dann neigen wir dazu, uns im Nebensächlichen zu verzetteln.

> **Bevor Sie eine Aufgabe von anderen übernehmen, sollten Sie sich immer fragen: Würde ich diese Arbeit auch übernehmen, wenn mein oberstes Ziel Effizienz wäre?**

Richtig delegieren

Wenn Sie als Vorgesetzter die Gelegenheit haben zu delegieren, dann sollten Sie davon auch so viel wie möglich Gebrauch machen. Delegation bedeutet nicht nur Zeitgewinn und Entlastung für Sie, sondern auch die Chance zur Weiterentwicklung für den Mitarbeiter. Delegierbar sind Routinearbeiten, Spezialistentätigkeiten, Detailfragen und vorbereitende Arbeiten.

Motivierende Ausführung Damit die Ausführung der Tätigkeiten von den betreffenden Mitarbeitern auch als motivierend empfunden wird, sollten Sie

- die Betreffenden rechtzeitig und ausreichend informieren,
- geeignete, also fähige Leute aussuchen,
- die delegierten Aufgaben koordinieren und am Ende kontrollieren,
- Versuche der Rückdelegation abwehren (Nein sagen),
- die zu delegierenden Arbeiten so wählen, dass sie sinnvolle Aufgabenpakete bilden.

Wenn z. B. Teil A der Marktanalyse an Mitarbeiter 1 und Teil B an Mitarbeiter 2 delegiert wird, aber nur die Summe beider eine richtige Beurteilung erbringen kann, dann mögen die betreffenden Mitarbeiter dies zu Recht als demotivierend empfinden. Denn die Beurteilung selbst bleibt dann einzig und allein dem Vorgesetzten überlassen, so dass die Mitarbeiter das Gefühl haben, dass ihnen Informationen vorenthalten werden.

Achten Sie nicht nur auf logische, sondern auch auf psychologische Aspekte bei der Delegation von Aufgabenbündeln, damit die Motivation der Mitarbeiter erhalten bleibt.

Zusammenfassung

Nur das Wichtige zu tun, bringt uns unseren Zielen näher und ist daher effizient. Folgen wir stattdessen dem Diktat des Dringenden, so führt dies zu Effizienzblockern für die Entfaltung unserer Fähigkeiten wie auch für die Entwicklung des Unternehmens. Strategien, um das Dringende weitgehend zu minimieren, sind:

- sich keine Aufgaben von anderen aufhalsen lassen, konsequent Nein sagen
- delegieren
- als Vorgesetzter Mitarbeiter zum selbständigen Finden von Lösungen anleiten

Strategien, um seine Fähigkeiten zu entfalten und auszubauen und damit seinen Marktwert zu erhöhen, sind:

- jeden Tag eine wichtige A-Aufgabe anfangen und abschließen, am besten gleich zu Beginn des Arbeitstages
- die durch Minimierung dringender Aufgaben gewonnenen Zeitfenster konsequent für die Weiterentwicklung der eigenen Profitressourcen nutzen

Auch hier zeigt sich: Die Schaffung zeitlicher Freiräume unterstützt uns dabei, den Wirkungsgrad der eingesetzten Energie zu erhöhen, also effizienter zu werden, ohne mehr Zeit zu benötigen, als uns ohnehin zur Verfügung steht.

Aufgabe
Welche Maßnahmen werden Sie ergreifen, um in Zukunft dem Wichtigen mehr Zeit einzuräumen?

_____

_____

Wie können Sie die gewonnenen Zeitfenster nutzen, um Ihre Fähigkeiten weiterzuentwickeln, die Ihre Profitressource darstellen?

_____

_____

Motivieren Sie sich selbst

*„Formieren Sie den ungeordneten Landsknechtshaufen
Ihrer inneren Kräfte zu einer schlagkräftigen Armee,
die in ein und dieselbe Richtung marschiert."*

ALEXANDER CHRISTIANI

Die Macht der Motivation

Von der Motivation ausgelöste Kettenreaktion Motivation ist ein zentraler Faktor der Effizienz, der in die drei anderen Bereiche Fachwissen, Fähigkeiten und Strategie hineinstrahlt und sie massiv beeinflusst. Wer motiviert ist, der setzt sich intensiver mit einer Sache auseinander, wodurch sich seine Wahrnehmung verändert. Dies führt dazu, dass die Dinge differenzierter betrachtet und dass Fakten sowie Details realisiert werden, die einem sonst entgangen wären. Dadurch wiederum entwickelt sich das Fachwissen weiter, weil man Ursache und Wirkung besser analysiert, Veränderungen genauer registriert hat usw. Auf diese Weise wiederum wachsen auch die Fähigkeiten, denn das Handeln verbessert sich aufgrund eines ausgeprägteren Wissens. Ebenso wird die Strategie, mit der man die Dinge angeht, automatisch besser, weil man erkannt hat, wo man Abkürzungen wählen oder Überflüssiges reduzieren kann.

Defizite durch Motivation ausgleichen

> **Motivation ist ein entscheidender Gradmesser dafür, wie wir unser Leistungspotenzial zum Einsatz bringen.**

Durch eine hohe Motivation lassen sich sogar Defizite im Fachwissen und in den Fähigkeiten ausgleichen. Es ist ja ein bekanntes Phänomen, dass Newcomer auf dem Markt manchmal alte Hasen aus dem Rennen schlagen, weil sie ihnen an Motivation überlegen sind. Sie machen gewissermaßen das Unmögliche möglich, da sie sich aufgrund ihrer höheren Motivation mehr zutrauen als die Alteingesessenen, die schon in bestimmten Denk- und Verhaltensmustern festgefahren sind.

Häufig erbringen auch Unternehmen mit einer geringeren Anzahl an Fachleuten, weniger Erfahrung und weniger Wissen – dafür aber mit mehr Motivation – bessere Leistungen als andere. Ein gutes Beispiel dafür, wie Motivation Defizite ausgleichen kann, ist die Deutsche Tourenwagen Meisterschaft (DTM) im Motorsport. Dort fahren nur die drei Automarken Mercedes, Opel und Audi mit. Audi wird vertreten durch die Firma Abt, ein kleines Team aus dem Allgäu, das nicht wie Mercedes auf Erfahrungen aus der Formel 1 zurückgreifen kann. Auch das Budget des Allgäuer Teams kann sich mit dem von Mercedes nicht messen. Doch die Leute von Abt sind hoch motiviert bis in die Zehenspitzen und haben es 2002 daher sogar geschafft, die DTM-Meisterschaften zu gewinnen; und das, obwohl in den beiden vorangegangenen Jahren Mercedes Sieger gewesen ist.

Beispiel Motorsport

> **Durch eine hohe Motivation lassen sich Schwächen in anderen Bereichen wettmachen und sogar übertrumpfen – gleich ob es sich um Defizite in Fachwissen, Fähigkeiten, Strategie, Erfahrung oder Kapital handelt.**

Zu dieser herausragenden Stellung der Motivation kommt es, weil sie die Anzahl der Tätigkeiten steuert: Wer mehr Tätigkeiten in der gleichen Zeit oder die gleiche Anzahl von Tätigkeiten in kürzerer Zeit schafft, holt schnell seine Defizite auf und zieht dann bald an den anderen vorbei.

Fehlende Motivation als Super-Effizienzblocker

Auf der anderen Seite jedoch kann *fehlende* Motivation zum größten Effizienzblocker überhaupt werden. Welche gesamtwirtschaftlichen Schäden alljährlich durch mangelnde Motivation entstehen – ein dreistelliger Milliarden-Betrag! –, haben wir bereits in Kapitel 1 erfahren. Die Anzahl der Tätigkeiten reduziert sich so weit, dass man selbst und auch die Übrigen, die von der eigenen Arbeit abhängen, praktisch permanent „im Stau" stehen. Der „Reformstau" ist in Deutschland auf gesellschaftlicher Ebene ja bereits zu einem geflügelten Wort geworden. Wichtige Dinge bleiben liegen, Aufgaben werden nicht erledigt, es kommt zu ständigen Verzögerungen – nichts geht mehr. Die Produktivität sinkt auf ein Mindestmaß herab, die Effizienz bleibt auf der Strecke.

In diesem Kapitel erfahren Sie, mit welchen Methoden Sie Ihre Motivation dauerhaft anheben und damit Ihre Effizienz steigern können. Wir schauen uns im Folgenden die Mechanismen an, die dazu beitragen, die Motivation zu rauben, und zeigen, wie sie sich überwinden lassen.

Aufschieberei, der Motivationskiller Nr. 1

Eigentlich ist es ganz natürlich: Bestimmte Teile unserer Arbeit machen uns mehr Spaß als andere. Manche Dinge tun wir besonders gern, andere wiederum sind eher unbeliebt. Im Vertrieb z.B. ist es so, dass den Verkäufern die Vorstellung der Produkte beim Kunden meist Spaß macht, während die telefonische Vereinbarung von Neukundenterminen eher als unangenehm empfunden wird. Vorgesetzten macht die Durchführung ihrer fachlichen Aufgaben Spaß, während ihre Motivation für notwendige Kritikgespräche mit Mitarbeitern oft sehr niedrig ist.

Flucht in Alibitätigkeiten

Dinge, die keinen Spaß machen, werden gerne aufgeschoben. Häufig sind die unbeliebten Tätigkeiten aber genau diejenigen, die uns effizient nach vorne bringen würden. Wenn der Verkäufer z. B. keine Neukundentermine macht, dann hat er auch keine Gelegenheit, die Produkte bei diesen Kunden zu präsentieren und damit den angenehmen Teil seiner Arbeit zu tun.

Weil manche Tätigkeiten keinen Spaß machen, weicht man auf andere Arbeiten – sog. *Alibitätigkeiten* – aus. Wie wir im letzten Kapitel gesehen haben, ist das Diktat des Dringenden eine solche Fluchtmöglichkeit. Man beschäftigt sich mit B- und C-Aufgaben, anstatt die wichtigen A-Aufgaben in Angriff zu nehmen. Auch Perfektionismus – das Feilen an Details, anstatt die Dinge abzuschließen – ist eine Form der Flucht.

> Die Flucht in Alibitätigkeiten ist ein Ausweichmanöver, um unbeliebte oder unangenehme Aufgaben nicht angehen zu müssen.

Doch die Aufschieberei hat weitreichende Konsequenzen: Zunächst einmal bleibt ein unangenehmes, schales Gefühl zurück, wenn gezögert wurde, anstatt zuzupacken. Dieses Gefühl wirkt wie ein Filter und färbt auf die gesamte Arbeit ab: Es bindet Energien.

Der Zeigarnik-Effekt In der Wissenschaft kennt man den sog. *Zeigarnik-Effekt*. Die Psychologin Bluma Zeigarnik hat herausgefunden, dass unerledigte Handlungen besser erinnert werden als erledigte. Zusätzlich hinterlassen sie die Tendenz, sich immer wieder mit ihnen auseinander zu setzen und an sie zu denken – und genau dies bindet die Energien, die uns dann in anderen Bereichen bei den wichtigen Aufgaben fehlen.

Unser Gehirn funktioniert wie ein großes Schubladensystem. Immer wenn eine Sache unerledigt bleibt, steht eine Schublade offen, an der wir uns stoßen. Je mehr Schubladen wir geöffnet haben, desto weniger können wir uns auf unsere augenblickliche Tätigkeit konzentrieren. Wir sind innerlich zerstreut und damit nicht effizient.

> **Alle unerledigten Aufgaben ziehen ständig Energien ab, die uns bei den wichtigen Aufgaben fehlen und zu Effizienzblockern werden. Alle erledigten Aufgaben setzen im Gehirn Endorphine frei und produzieren Glücks- und Zufriedenheitsgefühle.**

Die fehlende Energie wirkt sich auch auf diejenigen Bereiche aus, die wir trotz Aufschiebens tatsächlich erledigt haben. Dort bleiben nämlich die Ergebnisse hinter dem Qualitätsniveau zurück, das sie haben könnten, wenn wir nichts aufgeschoben hätten. Auch in den Dingen, die wir erledigt haben, sind wir also weniger effizient, als wir sein könnten.

Abbuchungen vom Integritätskonto

Unser persönliches Integritätskonto spiegelt unser Selbstvertrauen und unseren Selbstwert wider. Jedes Mal, wenn wir uns etwas vornehmen oder jemandem etwas versprechen und es auch tatsächlich tun, dann führt dies zu einer Einzahlung auf unserem Konto. Wir stärken unser Guthaben an Selbstvertrauen und den Glauben an unsere Profitressourcen. Wenn wir jedoch Dinge aufschieben, die wir eigentlich tun müssten und uns vorgenommen haben, dann führt dies zu Abbuchungen. Häufige Abhebungen führen mit der Zeit zu einem Verlust an Zuversicht, außerdem zu Zweifeln und Rechtfertigungen – bis unser Selbstwertgefühl und somit die Effizienz völlig im Minus sind.

> **Das zu tun, was man sich vorgenommen hat, führt zu einem Wachstum an Integrität gegenüber uns selbst und anderen.** Das zu unterlassen, was man unternehmen sollte, bewirkt jedoch einen Verlust an Integrität und Glaubwürdigkeit gegenüber uns selbst und anderen, weil die gesteckten Ziele nicht erreicht wurden.

„Exception kills" – Ausnahmen sind tödlich

Dies beginnt bereits bei kleinen Ausnahmen, wenn man eine regelmäßige Tätigkeit, z. B. Joggen oder das Vereinbaren von Neukundenterminen, einmal ausfallen lässt. Häufig denken wir, es mache nichts aus, eine Sache lediglich einmal nicht zu tun. Doch dann wird unter weiteren Vorwänden schnell ein zweites und ein drittes Mal daraus, bis die Tätigkeit schließlich ganz „einschläft" und die Integrität Schaden erleidet.

Hektik

Wurden Aufgaben, die uns effizient nach vorne bringen würden, lange genug aufgeschoben, dann sind sie plötzlich nicht nur wichtig, sondern auch dringend. Nun setzt Termindruck ein, um überhaupt noch rechtzeitig fertig zu werden. Torschlusspanik und Hektik kommen auf.

Überflüssiger Stress

Es ist auffallend, wie überflüssige Hektik und Hetze heutzutage den Geschäftsalltag insgesamt prägen. Alles muss „bis vorgestern" erledigt sein. Nirgendwo ist mehr Zeit, Dinge in Ruhe und überlegt zu Ende zu führen; alles wird als „dringend" gekennzeichnet und soll „sofort" bearbeitet werden. Dies führt zu viel überflüssigem Stress, der sich vermeiden ließe, wenn man nicht bis zur letzten Minute abwarten würde. Die Arbeitsergebnisse sind entsprechend dem Termindruck eher oberflächlich und schlecht als gründlich und gut. Häufig sind Nachbesserungen erforderlich, wenn z. B. Kunden erbrachte Leistungen reklamieren. Die Resultate sind also ineffizient, weil der Wirkungsgrad der eingesetzten Energie im Verhältnis zum Ergebnis niedrig ist.

Operative Hektik führt häufig zu geistiger Windstille.

Aufgabe

Legen Sie eine Liste aller Tätigkeiten an, die für Sie persönlich Motivationskiller sind und die Sie bisher immer vor sich hergeschoben haben. (Meist sind es nur Teilbereiche bestimmter Aufgaben.) Wie hoch ist Ihr Effizienzverlust durch das Aufschieben schätzungsweise?

Mentale Stimmungen positiv beeinflussen

Wie können wir nun unsere Motivation positiv beeinflussen? Einer der entscheidenden Faktoren, ob wir im Alltag ins Handeln kommen oder zögern und aufschieben, ist unsere augenblickliche *mentale Stimmung*. Die Stimmung wirkt sich auf unsere Entscheidungen aus, die Entscheidungen wiederum auf unser Handeln und das Handeln auf unsere Ergebnisse.

Der Einfluss von Stimmungen

Aufgabe

Markieren Sie auf der folgenden Skala Ihre Stimmung, wenn Sie an Ihre Motivationskiller denken (1 = sehr schlecht, 10 = sehr gut).

1	2	3	4	5	6	7	8	9	10

Wie ist Ihre Stimmung demgegenüber, wenn Sie an die Dinge denken, die Sie gerne tun und die Ihnen Spaß machen?

1	2	3	4	5	6	7	8	9	10

Wenn die Stimmung zwischen 1 und 5 liegt, dann neigen wir dazu, auf Alibitätigkeiten auszuweichen. Liegt sie demgegenüber bei 7 oder höher, dann sind wir „unternehmungslustig", dann packen wir die Dinge an, anstatt sie liegen zu lassen.

Problemzwerge werden zu Problemriesen

Es gibt Möglichkeiten, seine Stimmung selbst zu beeinflussen, anstatt ihr ausgeliefert zu sein. Wenn wir schlechter Stimmung sind, dann häufig deshalb, weil ein Problemzwerg unseren Weg gekreuzt hat, den wir zu einem Problemriesen aufgebauscht haben. Es ist, als ob wir mit einem Vergrößerungsglas vor dem Problemchen stehen und es ausgiebig betrachten. Aus dem kleinen Haar in der Suppe wird dann bald dickes Stahlseil.

Beispiel: Auftrag ging an die Konkurrenz

Nehmen wir z. B. an, wir haben uns sehr um einen bestimmten Auftrag bei einem Kunden bemüht. Wir haben alles dafür gegeben und erwarten nun ein Ja. Ein kurzer Telefonanruf zeigt dann jedoch, dass der Auftrag an die Konkurrenz gegangen ist. Nun setzt das Stimmungstief ein und wir sind „schlecht drauf".

Für eine *kurze* Zeit schlechter Stimmung zu sein, ist völlig o. k., doch es ist ineffizient, sich in dieser Stimmung über mehrere Tage oder Wochen zu bewegen. Wenn dies der Fall ist, dann wird das Problem so intensiv angestarrt, dass wir nicht mehr in den Lage sind, den Blick auf das große Ganze zu richten – mit der Folge, dass wir uns immer schlechter fühlen und unser Handeln teilweise gelähmt ist.

Probleme nicht dramatisieren

Was ist denn wirklich passiert? Meist wurde nur eine Erwartung enttäuscht, mehr nicht. Es hängt nur in den seltensten Fällen die Existenz davon ab, und es besteht auch meist keine Lebensgefahr. Wozu also die ganze Sache dramatisieren, indem man sich über Stunden, Tage oder Wochen in einem Stimmungstief bewegt und damit seine Handlungsfähigkeit in anderen Bereichen lähmt?

Die effizienteste Möglichkeit, innerhalb von *Sekunden* (!) seine Stimmung zum Positiven zu verändern, liegt darin, den Blickwinkel zu verändern, also die ganze Situation aus einer anderen Perspektive zu betrachten.

83

Durch die Einnahme eines anderen Standpunktes wird die Situation relativiert und der Fokus erweitert. Wenn uns also z. B. ein Auftrag entgangen ist, dann können wir uns zugute halten, dass wir noch andere Eisen im Feuer haben und es noch weitere Chancen gibt. Dadurch kommen wir in eine bessere Stimmung, begeben uns sofort ins Handeln und erarbeiten uns neue Möglichkeiten.

Negative Stimmungen prägen Verhaltensmuster

Wir kennen bereits die Lernformel, nach der unser Gehirn arbeitet: Dauer x Häufigkeit x emotionale Intensität. Wenn wir ein Problem sehr lange im Kopf bewegen und dabei auch noch mit intensiven negativen Gefühlen aufladen, dann „konditionieren" wir uns damit selbst, in Zukunft auf ähnliche Situationen immer wieder „automatisch" mit denselben negativen Stimmungen zu reagieren. Auf diese Weise bildet sich dann ein Verhaltensmuster heraus, das immer wieder zu Vermeidungstaktiken und zur Flucht in Alibitätigkeiten anregt.

Emotional bewegenden positiven Blickwinkel einnehmen

Wenn wir jedoch schnellstmöglich den Blickwinkel ändern, dann kommen wir wieder ins Handeln. Der Lernformel können wir entnehmen: Die Veränderung der Perspektive auf eine negative Situation muss *emotional* bewegend sein, um eine positive Wirkung zu erzeugen. In unserem Beispiel des entgangenen Auftrags können wir uns z. B. ins Gedächtnis rufen, wie wir das letzte Mal einen besonders guten Auftrag bekommen und wie sehr wir uns darüber gefreut haben.

Handeln statt hadern, zupacken statt zögern heißt die Devise.

Aufgabe

Gehen Sie Ihre Motivationskiller durch, die Sie bereits notiert haben, und überlegen Sie, welche Erwartungen sie jeweils bei Ihnen enttäuschen. Schreiben Sie auf, wie Sie die Perspektive in jedem einzelnen Fall dabei so verändern können, dass Sie in eine positive Stimmung kommen.

Einen konstruktiven Eigendialog führen

Den ganzen Tag über fließen unzählige Gedanken durch unseren Kopf; die Wissenschaft behauptet, dass es mehrere Millionen sind. Viele unserer Gedanken laufen unbewusst ab; statt „ich denke" sollte man besser sagen: „Es denkt mich."

Es denkt mich

Aufgabe

Welches sind in Ihrem Leben Ihre drei größten Erfolge?

Durch welche Fähigkeiten haben Sie diese Erfolge errungen?

Negativer Eigendialog Möglicherweise haben Sie jetzt über die Antworten auf diese Fragen kürzer oder länger nachgedacht. Ihre Gedanken gingen dabei in eine bestimmte *Richtung*, und zwar deshalb, weil Ihnen von außen eine Frage gestellt worden ist. Fragen müssen nicht von unbedingt von außen kommen, sondern wir können sie uns auch selbst stellen.

> **Denken funktioniert, indem wir uns selbst Fragen stellen und sie beantworten. Jeder führt pausenlos mit sich selbst einen *Eigendialog*.**

Wir alle kennen diesen Eigendialog, den wir praktisch täglich vom Aufstehen bis zum Schlafengehen mit uns führen. Wir stellen uns unaufhörlich Fragen, beantworten sie und handeln dementsprechend. (Keine Angst: Solange der Eigendialog leise stattfindet, ist er völlig normal.)

Negative Fragen Wenn wir schlechter Stimmung oder mit einer unangenehmen Aufgabe konfrontiert sind, dann stellen wir uns häufig negative Fragen wie die folgenden:
- Warum muss das immer mir passieren?
- Warum werde ich so unverschämt ausgenutzt?
- Warum hört meine Kollege mir nie zu?
- Warum hat mein Chef kein Interesse an meiner Arbeit? usw.

Auf diese negativen Fragen finden wir dann die entsprechenden negativen Antworten, z. B.:
- Weil ich ein Versager bin.
- Weil ich zu gutmütig bin.
- Weil mein Kollege ein Idiot ist.
- Weil ich meinem Chef gleichgültig bin – usw.

Unser Gehirn ist so konstruiert, dass es die stillschweigenden Voraussetzungen unserer Fragen als berechtigt ansieht und als wahr unterstellt. Wer also negative Fragen stellt, wird automatisch negative Antworten erhalten, die ihn weiter herunterziehen. Im negativen Eigendialog machen wir uns selbst häufig zu Opfern einer Situation und suchen dann in den dazu passenden Antworten nach Rechtfertigungen oder Tätern, die unsere missliche Lage verursacht haben.

Umgekehrt ist es jedoch ein Leichtes, statt der negativen Fragen positive zu stellen und dementsprechende Antworten zu bekommen! Wir könnten also beispielsweise Folgendes fragen:

Konstruktiver Eigendialog

- Was muss ich tun, damit mir das nicht mehr passiert?
- Wie muss ich auftreten, damit ich nicht mehr ausgenutzt werde?
- Wie kann ich erreichen, dass mein Kollege mir besser zuhört?
- Woran hat mein Chef Interesse? Wie kann ich seine Aufmerksamkeit gewinnen?

Auch auf diese positiven Fragen findet unser Gehirn Antworten – dann jedoch brauchbare, die zu effizienten Problemlösungen anstatt zu immer tieferen Verstrickungen in die Probleme selbst führen!

Ein interessanter Eigendialog setzt einen intelligenten Gesprächspartner voraus.

Aufgabe

Wie viel Prozent Ihres Eigendialogs haben sich bisher mit Dingen beschäftigt, die Sie weiterbringen, und wie viel Prozent mit negativen Dingen? Zeichen Sie die beiden Anteile in den Kreis ein!

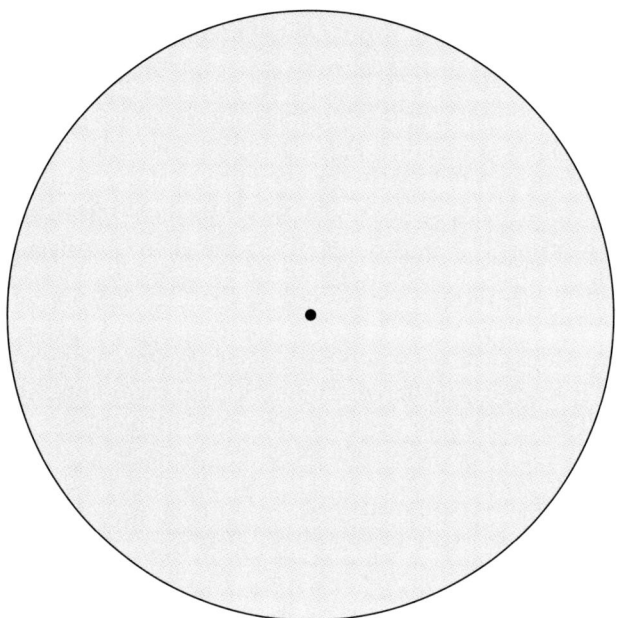

Notieren Sie zu all Ihren Motivationskillern positive Fragen, die dazu beitragen, dass Sie Problemlösungen finden können.

_____

_____

_____

Konzentration ist der Schlüssel zum Erfolg

Konzentration ist die gezielte Steuerung unseres Eigendialogs und damit unseres Denkens. Die Art und Weise, wie wir unseren Eigendialog aktiv steuern, entscheidet über den Grad unserer Motivation. „Lassen" wir uns denken, so ist unsere Motivation niedrig und unser Handeln ineffizient. Wirken wir jedoch negativen Gefühlen und Stimmungen mit konstruktiven Fragen gezielt entgegen, so erhöhen wir gezielt den Wirkungsgrad unseres Denkens und Tuns.

Konstruktive Fragen sind immer auf eine Problemlösung ausgerichtet, anstatt das Problem selbst zu beklagen. Wer den Blick auf Negatives fixiert hält, aus Stimmungstiefs nicht herauskommt, der „rödelt" wie in einem Hamsterrad. Es kann sich schneller oder langsamer drehen, aber er wird nicht vorwärts kommen. Erst die Veränderung der Perspektive hebt die Motivation an und führt dazu, das Rad zu verlassen.

Die Fragen, die wir uns stellen, steuern die Richtung unseres Denkens. Je mehr wir uns in eine konstruktive Richtung bewegen, desto effizienter werden wir. So tragen wir gezielt dazu bei, unsere Profitressourcen auszubauen und weiterzukommen.

Die Richtung des Denkens steuern

> **Die Art und Weise, wie Sie sich im Eigendialog durch Fragen steuern, ist der Schlüssel zu Ihrer Motivation und die Basis für Ihre Entwicklungsrichtung. Sie ist auch die Basis für Effizienz im Denken und Tun.**

Worauf man sich konzentriert, das wird automatisch stärker. Je mehr wir uns auf unsere Profitressourcen konzentrieren statt auf nebensächliche Dinge, desto mehr wachsen wir.

Wenden Sie nützliche Strategien an

„Vollkommenheit entsteht nicht dann,
wenn man nichts mehr hinzufügen kann, sondern
wenn man nichts mehr wegnehmen kann."

ANTOINE DE SAINT-EXUPERY

Die Bedeutung der Strategie

Strategien sind ein wichtiger Schlüssel zur Effizienz und nehmen, ähnlich wie die Motivation, eine zentrale Stellung ein. Als Effizienzfaktor, dessen Anwendung alle übrigen Profitressourcen steuert, ist die Strategie selbst eine Profitressource. In den vorangegangenen Kapiteln wurden bereits etliche Strategien im Zusammenhang mit Fachwissen, Fähigkeiten und Motivation vorgestellt, z. B. das 80/20-Prinzip, Methoden des rationellen Lesens und der konstruktive Eigendialog. In diesem Kapitel lernen Sie weitere Strategien kennen, die sich auf alle Profitressourcen anwenden lassen.

> **Strategie zielt immer darauf, mit einem Minimum an Aufwand oder Energie ein Maximum an Ergebnissen im Bereich der Profitressourcen zu erzielen.**

Die 4 Prinzipien der Strategie

Strategien folgen stets jeweils einem der vier Prinzipien:
1. *Konzentration* auf Wesentliches, Wichtiges, also auf Profitressourcen
2. *Reduktion* von Unwesentlichem, also von Effizienzblockern
3. *Multiplikation* erstklassiger Verfahren oder Methoden zur Steigerung der Effizienz
4. Einsatz *wirkungsvollerer Vorgehensweisen*

Durch die Anwendung von Strategien gewinnen Sie Zeit für die wesentlichen, wichtigen Dinge, die Sie weiterbringen. Auf diese Weise brauchen Sie nicht „mehr Zeit" einzukalkulieren, um effizienter zu werden, sondern kommen mit dem ohnehin gegebenen Zeitbudget aus. Sie schaffen mehr in der gleichen Zeit oder brauchen insgesamt weniger Zeit, um alles zu erledigen.

Störfaktoren beseitigen

Störungen während des normalen Arbeitsablaufs haben heute einen Umfang angenommen, dass die Abwicklung eines Arbeitsvorgangs an einem Stück beinahe schon zu einer Ausnahme geworden ist. An vielen Arbeitsplätzen gehören folgende Faktoren zu den häufigsten Störungen:

Viele Störfaktoren

- Telefonanrufe – zunehmend auch die auf dem Handy, die zu den Anrufen im Festnetzanschluss noch hinzukommen,
- unvorhergesehene Besuche von Kollegen oder Mitarbeitern, oft verbunden mit zusätzlichen Arbeitsaufträgen (siehe Klettensyndrom Seite 66 f.),
- Besprechungen, Meetings und Konferenzen, insbesondere wenn sie ohne Ankündigung einberufen werden,
- die wachsende E-Mail-Flut.

Derartige Störungen wirken sich nachteilig auf die Qualität unserer Arbeit aus, denn sie tragen zur Verschlechterung der Konzentration und der Arbeitsergebnisse bei.

Es soll sie ja noch geben – die Leute, die ohne Handy auskommen. Allerdings sind sie heute schon in der Minderheit. Im Grunde brauchen wir das Handy nicht immer und überall, besonders dann nicht, wenn wir in greifbarer Nähe zu einem Festnetzanschluss arbeiten. Häufig vergessen wir

Terror ständiger Erreichbarkeit

aber, in diesem Fall das Handy auszuschalten, und wundern uns dann, wenn es auf mehreren Leitungen gleichzeitig klingelt. Manche sprechen im Zusammenhang mit der dauernden Telefoniererei schon vom „Terror ständiger Erreichbarkeit" – als ob man immer und überall für jedermann zu sprechen sein müsste. Vielfach steckt hinter der Telefoniererei nichts weiter als Ungeduld oder Wichtigtuerei.

Anrufe reduzieren Um die Anzahl der Anrufe zu reduzieren, gehen Sie folgendermaßen vor:

- Überlegen Sie, ob Sie wirklich ein Handy benötigen. Falls Sie viel unterwegs sind und häufig außerhalb Ihres Büros arbeiten, können Sie nicht darauf verzichten; wenn Sie aber ohnehin 90 % Ihrer Zeit direkt neben einem Festnetzanschluss sitzen, brauchen Sie wahrscheinlich kein Handy.
- Schalten Sie Ihr Handy so oft wie möglich aus, insbesondere dann, wenn Sie nicht gestört werden wollen. Klingelnde Handys mit ihren schrillen Klingeltönen stören nicht nur Sie, sondern nerven auch Ihre Mitmenschen, die sich das Geklingel notgedrungen ebenfalls anhören müssen und abgelenkt sind.
- Legen Sie Telefonzeiten fest, innerhalb derer Sie angerufen und innerhalb derer Sie nicht zu sprechen sind. Schalten Sie in Zeiten, in denen Ihnen ungestörtes Arbeiten wichtig ist oder in denen Sie in Besprechungen mit anderen sind, Ihr Handy aus und die Mailbox bzw. auf dem Festnetzanschluss den Anrufbeantworter ein. Auf der Bandansage können Sie den Anrufern mitteilen, zu welchen Tageszeiten Sie erreichbar sind.

Aussagekräftige Bandansage verwenden Eine geeignete Bandansage ist im Grunde eine Kleinigkeit, und doch wird sie immer wieder vergessen! Mehr als 90 % der Leute, die ich kenne, begnügen sich mit der 08/15-Bandansage, die auf den Geräten meist automatisch installiert ist und keinerlei Nutzwert besitzt, weil sie nichts darüber aussagt, wann der Angerufene wieder zu sprechen ist. So klingelt es dann überflüssigerweise alle paar Minuten von neuem, weil der Anrufer nicht weiß, wann der Betreffende zu erreichen ist, und es ständig wieder versucht.

Zu den unvorhergesehenen Besuchen von Mitarbeitern oder Kollegen auf dem Flur gehören auch die „zufälligen" Treffen auf dem Flur, bei denen man ins Plaudern kommt und sich dann ganz „nebenbei" eine neue Arbeitsaufgabe daraus ergibt. Auch diese Art von Störungen lässt sich gezielt und mit ganz einfachen Mitteln reduzieren.

Mit einfachsten Mitteln Kollegenschwatz reduzieren

In großen Unternehmen mit vielen Mitarbeitern kennt man das Phänomen, dass sich die Kollegen häufig untereinander stören. Kaffeeautomaten und Fotokopierer werden zu wahren Meeting-Points, die Konferenzcharakter annehmen. Hier ein Tipp, wie sich in Unternehmen mit vielen Mitarbeitern der überflüssige Plausch eindämmen lässt:

„Bitte nicht stören"

Mitarbeiter, die gerade in einer konzentrierten Arbeitsphase sind und *nicht* von anderen gestört, unterbrochen oder angesprochen werden wollen, heften sich *leuchtende Klammern*, z. B. Wäscheklammern, an die Kleidung, bevor sie ihren Arbeitsplatz verlassen, um andere Räume aufzusuchen. Auf diese Weise weiß jeder Kollege, wer gerade ansprechbar ist und wer in Ruhe gelassen werden möchte.

Ein Großunternehmen, das die „Methode Leuchtklammer" seit Jahren praktiziert, konnte dadurch die Effizienz erheblich steigern: Arbeiten werden zügiger und schneller erledigt, es wird weniger „geschwätzt und gelabert, geratscht und getratscht".

Schilder an jeder Arbeitszimmertür

An jeder Zimmertür im Hotel gibt es die kleinen Schilder, die von einer Seite rot und von der anderen grün sind. Rot heißt: „Bitte nicht stören", Grün heißt: „Bitte eintreten". Warum gibt es solche Schilder nicht an jeder Tür der Arbeitszimmer von Mitarbeitern? Auf diese Weise wüssten die Kollegen immer, wann ihr Eintreten erwünscht ist und wann nicht.

Die Führungstheorie der offenen Tür

Manche Vorgesetzte praktizieren die Führungstheorie der offenen Tür. Dies ist zwar vorteilhaft für die Mitarbeiter, aber effizienter ist es, die „offene Tür" auf bestimmte Tageszeiten zu beschränken, um sich Zeitfenster für konzentriertes Arbeiten zu schaffen.

Besprechungen einschränken

Besprechungen, Meetings und Konferenzen sind einer der Super-Effizienzblocker! Manager verbringen heute durchschnittlich 50 % ihrer Zeit in Meetings. Auf folgende Weise können Sie Besprechungen eindämmen und zeitlich begrenzen:

- Klären Sie zuerst, ob eine Besprechung überhaupt notwendig ist oder ob sie sich nicht durch E-Mails, Faxe oder Telefonate ersetzen lässt.
- Legen Sie ein klares Besprechungsziel und eine Tagesordnung fest.
- Bereiten Sie die Besprechung gründlich vor und stellen Sie allen Teilnehmern die Unterlagen rechtzeitig zur Verfügung, damit auch sie sich rechtzeitig vorbereiten können.
- Laden Sie nur diejenigen Leute ein, die wirklich mit dem Thema zu tun haben. Alle, die erst „in zweiter Linie" involviert sind, kann man später auf andere Weise informieren.
- Legen Sie das zeitliche Ende der Besprechung im Voraus fest. Denn viele Dinge dauern genau so lange, wie Zeit für sie eingeplant ist.
- Machen Sie aus Ihren Sitzungen „Stehungen": Wenn eine Besprechung im Stehen stattfindet, dann wird sie mit Sicherheit weniger Zeit beanspruchen.

▓ Falls ein Protokoll erforderlich ist, so fertigen Sie es noch *während* der Besprechung selbst an, anstatt im Nachhinein damit Zeit zu vertrödeln. Für die simultane Anfertigung gibt es geeignete Methoden, wie z. B. das Mitschreiben auf dem Laptop, Mindmaps oder Vistem. Bei der Vistem-Methode werden übergroße, handbeschriftete Haftnotizzettel auf eine Unterlage geklebt (pro Zettel ein TOP oder eine To-do-Aufgabe). Die Unterlage lässt sich sofort nach Beendigung der Besprechung fotokopieren und an alle verteilen.

Das kleine Wörtchen „Nein" – Nein zu überflüssigen Anrufen, Zweiergesprächen oder Meetings – hilft im Falle vieler Störungen weiter. Jedes Nein zu einer unvorhergesehenen Störung ist ein Ja zu Ihren Profitressourcen und ein Ja zu Ihrer Effizienz!

Die E-Mail-Flut eindämmen

Als vor einigen Jahren die E-Mails eingeführt wurden, hat sich wohl niemand vorstellen können, was sich daraus entwickeln würde. Ursprünglich ersonnen, um Zeit und Papier zu sparen, haben sie sich vielfach ins Gegenteil verkehrt. Zwischen 50 und 250 E-Mails erhält die durchschnittliche Führungskraft heute täglich. Allein im Jahr 2000 wurden weltweit 1.100 Billionen (= 1,1 Billiarden!) E-Mails verschickt.

In der Tat können E-Mails dazu beitragen, die Korrespondenz zu beschleunigen: Der Wegfall mehrerer Arbeitsschritte (ausdrucken, kuvertieren, frankieren, zur Post bringen) im Vergleich zum normalen Brief und die „saloppe" Sprache statt gehobener Formulierungen sind wirklich eine Vereinfachung, allerdings nur, wenn bestimmte Regeln beachtet werden.

Bedingte Vereinfachung des Schriftverkehrs

> Bestehen Sie darauf, dass Ihre Adresse in die Rubrik „CC"
> gesetzt wird, sofern E-Mails nicht von Ihnen beantwortet
> oder bearbeitet werden müssen und nur informationshal-
> ber an Sie verschickt werden. Lassen Sie dringende E-Mails
> mit einem roten „!" und E-Mails mit niedriger Priorität
> mit einem blauen „⬇" kennzeichnen.

Auf diese Weise können Sie wichtige und unwichtige E-Mails
auf einen Blick erkennen. Die unwichtigen E-Mails sind nicht
dringend und müssen nicht sofort gelesen oder bearbeitet
werden. CC-Mails können gleich in der Ablage verschwinden.

Spam und Junk-Mails

Eine wahre Pest sind die unaufgefordert zugesandten und
meist unerwünschten Junk-Mails geworden, die mit allen
möglichen Kauf-, Geschenk- und Erotik-Angeboten sowie
angeblichen Virenwarnungen – in Wirklichkeit jedoch meist
Hoaxes – locken. Sie machen jetzt schon 50 % des gesamten
E-Mail-Aufkommens aus – Tendenz steigend. Nach dem
80/20-Gesetz werden bald nur noch 20 % aller E-Mails überhaupt einen individuellen Informationswert für den Emp-
fänger besitzen.

Meist ist es zwecklos, solche Spam-Mails loszuwerden, indem
man dem Versender antwortet und darum bittet, aus dem
Verteiler herausgenommen zu werden. Im Gegenteil: Hinter
Spam-Mails stecken oft anonyme Versandmaschinen, die umso mehr Mails an eine Adresse verschicken, je häufiger von dort
eine Antwort kommt, und sei sie auch negativ!

So können Sie sich schützen

▓ Reagieren Sie niemals auf eine Spam-Mail!
▓ Klicken Sie niemals auf einen Link in einer Spam-Mail!
Häufig führt dies zur Installation eines sog. *Dialers* auf
Ihrem PC, einem Programm, das sich automatisch bei
jedem Ihrer Besuche im Internet in eine teure 0190-Num-

mer einwählt, selbst wenn Sie nichts davon auf Ihrem Bildschirm sehen.

- Öffnen Sie niemals ein Attachment (Anhang) oder einen Link in einer Spam-Mail oder von einem Versender, den Sie nicht namentlich kennen! Dies führt häufig zur Installation von Viren und trojanischen Pferden auf Ihrem PC.
- Benutzen Sie eine öffentliche und eine private E-Mail-Adresse. Legen Sie sich eine Hauptadresse für Ihre Korrespondenz und eine weitere für alle anderen Zwecke zu.
- Meiden Sie öffentliche E-Mail-Adressverzeichnisse im Internet, denn gerade von dort beziehen die Spam-Versender ihre Adressen. Falls Sie eine eigene Homepage haben, hilft es, wenn Sie Ihre E-Mail nicht im Klartext angeben, sondern stattdessen in ein Kontaktformular oder eine Textgrafik einbauen.
- Installieren Sie einen Spam-Schutz! GMX z. B. filtert 98 % aller Spam-Mails bereits automatisch heraus.
- Legen Sie in Ihrem E-Mail-Programm Nachrichtenregeln an, so dass Mails unerwünschter Versender bereits bei Ihrem Provider gelöscht werden.
- Installieren Sie einen guten Virenschutz!

Aufgabe

Welche sind die hauptsächlichen Störfaktoren bei Ihrer Arbeit? Wie viel Arbeitszeit kosten sie Ihrer Ansicht nach schätzungsweise?

Wie wollen Sie in Zukunft diese Störfaktoren ausschalten oder weitestmöglich reduzieren?

Aufgaben zu sinnvollen Paketen bündeln

Ein weitere Strategie, die Ihre Effizienz erhöht, besteht darin, gleichartige Aufgaben sinnvoll zu Paketen zusammenzufassen. Dabei gibt es zwei Möglichkeiten der Komprimierung:

1. *Inhaltliche Bündelung:* Alle Arbeitsschritte, die zu einer einzigen Aufgabe gehören, werden von Anfang bis Ende hintereinander erledigt.
2. *Bündelung nach Art der Tätigkeit:* Gleichartige Tätigkeiten, wie z. B. Telefonieren, Diktieren oder Schreiben, werden zeitlich zusammengelegt, auch wenn sie zu verschiedenen Aufgabenbereichen gehören.

Eine Stunde ist mehr oder weniger als eine Stunde

Nach der Mathematik der Effizienz ist eine Stunde Arbeit nicht immer genau eine Stunde Arbeit, sondern kann auch zwei Stunden Arbeit oder nur zehn Minuten Arbeit bedeuten. Dies deshalb, weil es immer wieder Zeit kostet, sich in einen Vorgang mehrmals hineinzudenken und einzuarbeiten, wenn man durch Nebentätigkeiten unterbrochen worden ist. Jede erneute Einarbeitung kostet mehrere Minuten Zeit. Die Bildung von Aufgabenkomplexen in zusammenhängenden Zeitintervallen beugt diesem Zeitverlust vor.

Eulen und Hähne

Manche Menschen sind eher Eulen, andere eher Hähne. Eulen sind bekanntlich nachtaktiv und haben daher ihr individuelles Leistungshoch am Spätnachmittag oder Abend. Hähne hingegen sind schon frühmorgens aktiv und haben ihr Hoch am frühen Vormittag. Effizient ist es, wenn Sie Ihre wichtigen A-Aufgaben in Ihr spezielles Hoch legen und dafür die eher unwichtigen B- und C-Aufgaben in die Phase Ihres Tiefs. Auf diese Weise erzielen Sie die bestmöglichen Arbeitsergebnisse mit dem geringsten Aufwand.

> **Wichtige Aufgabengebiete, die einen großen Anteil an Ihren Profitressourcen haben, sollten Sie in die Zeitabschnitte Ihres individuellen Leistungshochs legen.**

Zur Bündelung von Tätigkeiten gehört es auch, jeden Vorgang nur einmal in die Hand zu nehmen. Viel Zeit wird damit verschwendet, Unterlagen hin und her zu stapeln, sie von neuem zu lesen oder sie irgendwo zu suchen, bis sie endlich bearbeitet werden. Insbesondere eingehende Post wird häufig erst gelesen, dann irgendwo zur Seite gelegt, dann wieder gesucht, schließlich beantwortet. Effizienter ist es hingegen, einen Vorgang *sofort* zu bearbeiten und dann an der richtigen Stelle abzulegen, wo er ggf. problemlos wiedergefunden werden kann.

Nur einmal in die Hand nehmen

Aufgabe
Welche Tätigkeiten in Ihrem Arbeitsbereich können Sie sinnvoll so bündeln, dass Sie Zeit für Ihre Profitressourcen gewinnen?

_____

_____

Wie wollen Sie dabei vorgehen?

_____

_____

Aufgaben vorbereiten

Viel Zeit und Energie bei der Durchführung von Aufgaben lassen sich durch eine gute Vorbereitung sparen. Nach dem Pareto-Prinzip sparen Sie pro Minute, die Sie mit der Planung verbringen, etwa zehn Minuten in der Durchführung. Durch gute Vorbereitung erzielen Sie die höchstmögliche Rendite Ihrer mentalen und emotionalen Energie und erhöhen damit Ihren Wirkungsgrad.

> **Proper prior planning prevents poor performance.**
> **(Gute Vorbereitung beugt schlechter Ausführung wirkungsvoll vor.)**

Prinzip der Schriftlichkeit

Planen Sie Ihre Aufgaben immer schriftlich! Die Schriftlichkeit garantiert, dass Sie nichts Wesentliches vergessen. Tages, Wochen-, Monats- und Jahresplanungen helfen, die Aufgaben sinnvoll in verschiedene Bündel zu verpacken und Unerledigtes auf einen anderen sinnvollen Zeitpunkt zu verlegen. Reise- und Wartezeiten lassen sich z. B. effizient zur Vorbereitung, aber auch zur Planung von Aufgaben nutzen.

Die effizienteste technische Ausstattung wählen

Die beste PC-Ausstattung

Der PC ist ein unentbehrliches Arbeitsmittel geworden und hat einen großen Anteil am Erfolg unserer Arbeit. Dennoch wird gerade dort oft massiv gespart: Viele arbeiten mit veralteter Hard- oder Software und mit einfachen Druckern. Unter dem Vorwand, Geld zu sparen, verwendet man ein älteres und damit langsameres PC-Modell noch über Jahre weiter oder zieht einen preiswerten Drucker einem teuren vor.

Beispiel Farbdrucker

Das ist jedoch häufig ineffizient! Wenn wir überlegen, wie viel Arbeitszeit wir am PC verbringen, so rechnet sich ein teureres, aber dafür leistungsfähigeres Gerät meist schnell. Farbdrucker beispielsweise werden überwiegend in der preiswerten Variante als Tintenstrahler verwendet; der um etwa 1.500 Euro teurere Farb-Laserdrucker jedoch druckt fünf- bis zehnmal so schnell und hat sich daher bei großen Mengen an Ausdrucken schnell amortisiert. Rechnet man aus, dass eine durchschnittliche Arbeitsstunde heute 50 Euro kostet, so hat sich der Drucker nach nur 30 Arbeitsstunden voll rentiert. Über die Jahre gesehen, werden Sie aber erheblich mehr als nur 30 Arbeitsstunden mit diesem Gerät verbringen. Nehmen wir an, Sie arbeiten pro Monat 30 Stunden mit dem Drucker, so sind das *pro Jahr* bereits 360 Arbeitsstunden, die einem Wert von 18.000 Euro entsprechen! Daran zeigt sich, wie wertvoll ein teureres, aber besseres Equipment im Hinblick auf den Effizienzgewinn ist.

Sehen Sie die Preise einer guten technischen Ausstattung immer in Relation zu Ihrer gewonnenen Zeit und dem Preis für Ihre Arbeitsleistung, denn das ist der Gradmesser für Effizienz. Wählen Sie danach Ihr Equipment aus, anstatt nur auf den Preis für die Geräte zu schauen.

Beispiel Auto

Dies trifft natürlich nicht nur auf PCs zu, sondern auch auf jedes andere technische Gerät. Unentbehrlich für viele Mitarbeiter im Außendienst ist z. B. das Auto. Für sie rechnet sich daher auch ein besseres oder größeres Fahrzeug und ein Neuwagen statt eines Gebrauchten. Denn wenn Kundentermine platzen und Aufträge an die Konkurrenz gehen, weil man unterwegs liegen geblieben ist, ist das sehr ineffizient. Größere Wagen lassen sich zudem bequem so ausstatten, dass man auch im Auto arbeiten und dadurch Wartezeiten wie Staus gut nutzen kann.

Aufgabe

In welchen Bereichen lässt Ihre technische Ausstattung zu wünschen übrig? Wo würden Sie durch bessere Arbeitsmittel erheblich an Effizienz gewinnen?

_____

_____

Welche Maßnahmen wollen Sie ergreifen, um Ihre Ausstattung zu verbessern? Bis wann?

_____

_____

Das Steine-und-Kies-Prinzip anwenden

Immer wieder ist es eine Herausforderung, uns jeden Tag auf das Wichtigste, das uns vorwärts bringt, zu konzentrieren und es zu erledigen, anstatt dass wir uns mit nebensächlichen Tätigkeiten oder Dingen verzetteln. Wie dies gelingen kann, veranschaulicht das Steine-und-Kies-Prinzip. Dazu ein kleines Experiment:

Ein Experiment   Nehmen Sie ein großes Fünf-Liter-Glas mit einer weiten Öffnung, dazu fünf faustgroße Steine und einen Eimer Kies sowie einen Liter Wasser. Jetzt versuchen Sie, Steine, Kies und Wasser allesamt im Glas unterzubringen. Wie würden Sie dabei vorgehen? Was legen Sie zuerst, was danach ins Glas?

Die meisten Menschen, die dieses Experiment machen, beginnen mit dem Kies und füllen dann das Wasser nach. Anschließend ist im oberen Teil des Glases noch ein wenig Platz frei. Dieser reicht aber nicht für alle fünf Steine, sondern es lassen sich höchstens noch ein bis zwei Steine unterbringen. Damit ist das Experiment gescheitert.

Richtig wäre es, mit den dicken Steinen anzufangen, anschließend den Kies und zuletzt das Wasser einzufüllen. So passt alles ins Glas! Denn der Kies fließt in die Lücken zwischen den großen Steinen, ebenso das Wasser.

Die dicken Steine zuerst

Die faustgroßen Steine stehen symbolisch für die wirklich wichtigen Arbeitsaufgaben, die mit unseren Profitressourcen zusammenhängen und deren Erledigung für uns effizient ist. Der Kies symbolisiert die vielen kleinen täglichen B- und C-Aufgaben, die dringenden Arbeiten, die Routinetätigkeiten und die Nebenschauplätze, die nur Zeit und Energie kosten, uns aber nicht weiterbringen.

Nur dann, wenn wir jeden Tag mit den Profitressourcen anfangen, schaffen wir effizient unser gesamtes Arbeitspensum und noch mehr!

Zwischen den „dicken Brocken" ist dann ausreichend Platz für die Nebentätigkeiten, ja es bleibt sogar noch Freiraum für Unvorhergesehenes übrig, wie wir am Wasser sehen können, das auch noch hineinpasst.

Übersicht über alle bisher im Buch vorgestellten Strategien

- *Strategien zur Konzentration auf Profitressourcen:* Pareto-Prinzip (80/20-Prinzip), Rest- und Wartezeiten nutzen, rationelle Lesetechniken, das Dringende vom Wichtigen unterscheiden, Prioritäten setzen nach A-, B- und C-Aufgaben, mentale Stimmung positiv beeinflussen, konstruktiven Eigendialog pflegen, Aufgaben zu Paketen bündeln, Aufgaben vorbereiten
- *Strategien zur Reduktion von Effizienzblockern:* Nachrichten nicht täglich mehrfach sehen, Zeitschriften ausmisten, Daten auf dem PC entsorgen, dem Klettensyndrom entgehen, Delegieren, Aufschieberei überwinden, Nein sagen, Störfaktoren beseitigen, Leuchtklammern und „Bitte nicht stören"-Schilder anbringen, E-Mail-Flut eindämmen, die beste technische Ausstattung wählen
- *Strategien zur Multiplikation effizienter Ansätze:* Informationsquellen erschließen, Memotechniken anwenden
- *Strategien zum Einsatz wirkungsvollerer Vorgehensweisen:* Informationen archivieren, das Steine-und-Kies-Prinzip anwenden

---

Rund 75 bis 80 % aller Arbeiten sind reine *Nebenschauplätze* und damit Effizienzblocker, die nichts mit unseren Profitressourcen zu tun haben, nichts zu unserem Wert beitragen und unsere Effizienz vermindern. Alle Strategien zielen darauf ab, diese Nebenschauplätze weitestgehend zu minimieren oder möglichst ganz auszuschalten, um Raum für die Profitressourcen zu gewinnen. Der klare Blick auf die Effizienz sollte Ihr Maßstab bei der Wahl Ihrer Strategien sein!

Bauen Sie Ihre zentrale Profitressource aus

„Die Grenze ist der Ort der Entwicklung."

HEINRICH FALLNER

Gewohnheit und Routine lenken den Tagesablauf

Ein Großteil unseres Handelns wird von Gewohnheiten be- **Handeln**
stimmt; nach dem Pareto-Prinzip dürften es mindestens **wie ein Roboter**
80 % sein. Vom Aufstehen bis zum Schlafengehen werden unsere Worte und Taten von Gewohnheiten diktiert, die nichts
weiter als automatisierte Reaktionen auf bestimmte Reize
sind. Wir haben gelernt oder uns angewöhnt, Dinge auf eine
bestimmte Art und Weise zu tun, und diese wird im Laufe der
Jahre zur festen Routine. Ob solche Routinen effizient sind
oder nicht, hinterfragen wir häufig nicht mehr, wenn unser
Gehirn sie nach der Formel Dauer x Häufigkeit x Intensität
einmal erlernt hat. Wir spulen die Dinge dann in immer gleicher Weise ab – wie ein Roboter, der Fertigungsteile am
Fließband mechanisch und stur in immer wiederkehrenden
Abläufen gleichförmig montiert.

Hinzu kommt, dass wir uns viele Tätigkeiten nicht aussuchen **Fremdbestimmung**
können: Sie werden uns von anderen – von Vorgesetzten, **statt**
vom Unternehmen, für das wir arbeiten, von Kunden usw. – **Selbstbestimmung**
vorgegeben. Nach dem 80/20-Prinzip dürften mindestens
80 % unserer Zeit für solche fremdbestimmten Tätigkeiten
draufgehen, während wir nur 20 % oder noch weniger Zeit
zur Verfügung haben, um unsere wahren Fähigkeiten einzusetzen, um also selbstbestimmt zu arbeiten.

All dies ist wenig befriedigend. Seien wir ehrlich: Der Trott
ist monoton und frustrierend. Wer sich über Jahre hinweg
immer in denselben Gewohnheiten bewegt, erfährt nichts
Neues mehr und steckt fest. Denn das routinemäßige Abarbeiten von Aufgaben, die dazu noch überwiegend von

anderen vorgegeben werden, hat nichts mit aktiver Lebens-
gestaltung zu tun.

**Gewohnheiten und Routine sind der Kleister, der unseren
Alltag verklebt.**

Der tägliche Trott gibt zwar ein Gefühl von scheinbarer
Sicherheit, aber er macht auch unzufrieden. Es ist wie das
Rödeln im Hamsterrad: Egal, ob wir schneller oder langsamer darin strampeln, es bleibt doch immer dasselbe Rad.
Vielleicht kennen Sie dieses Gefühl der Unzufriedenheit und
haben auch deshalb zu diesem Buch gegriffen – und Sie können Ihre persönliche Lösung darin finden.

**Unter Palmen
am Strand ...**

Ja, es gibt etwas anderes als den immer gleichen Trott und die
endlose Wiederholung derselben Abläufe! Ich meine jetzt damit nicht, dass Sie zum „Aussteiger" werden und sich auf eine Südseeinsel zurückziehen sollen, wo Sie dann unter
Palmen am Strand liegen können. Dies wäre zwar eine Möglichkeit, dem Trott zu entgehen, allerdings bestünde auch die
Gefahr, bald einen neuen Trott zu installieren: im Meer
schwimmen, am Strand liegen, Kokosnüsse sammeln und
hübschen Südseeinsulanerinnen beim Tanzen zusehen, im
Meer schwimmen, am Strand liegen ...

Im Grunde genügt es, wenn wir das zwei bis drei Wochen pro
Jahr, nämlich in unserem Jahresurlaub, tun. Dann ist es eine
angenehme Abwechslung zum Alltag. Das ganze Jahr hin-
durch wäre das jedoch kaum auszuhalten. Das dauernde
Nichtstun wäre bald genauso langweilig wie unser Alltagstrott, weil es selbst wiederum zum Alltagstrott würde.

**Andere Ersatz-
befriedigungen**

Menschen, die mit ihrem beruflichen Alltag unzufrieden
sind, suchen häufig in der Verbesserung äußerer Umstände

den Erfolg: Sie wollen ein größeres Büro, mehr Gehalt, weniger Arbeitszeit, einen größeren Firmenwagen, einen verständnisvolleren Vorgesetzten usw. Aber all dies ist nichts weiter als das Entfachen von Nebenschauplätzen, weil ihre Erwartungen in den zentralen Bereichen unerfüllt geblieben sind. Selbst wenn sie diese Dinge bekommen, die fast immer nur materielle Verbesserungen sind, führt dies bestenfalls zu einem kurzen Glücksgefühl, während der Arbeitsalltag im Ganzen trotzdem frustrierend bleibt. Letztlich handelt es sich nur um Ersatzbefriedigungen.

Der Maßstab für ein erfülltes Leben muss also woanders liegen. In Kapitel 2 haben wir erfahren, dass jeder Mensch von Natur aus auf Erfolg programmiert ist, weil es durch die Evolution so vorgegeben ist. Im Grunde sehnen wir uns also danach, erfolgreich zu werden, Spitzenleistungen zu erbringen und dafür auch von unserer Umwelt anerkannt zu werden. Das ist ein ganz natürliches Bedürfnis. Wie wir gesehen haben, liegt die Basis für den Erfolg nicht im Alltag, wenn er von festen Gewohnheiten und fremdgesteuerten Tätigkeiten bestimmt ist – es sei denn, Ihr Alltag wäre von der Kernfrage geprägt: „Wie wurstele ich mich mit möglichst wenig Aufwand durchs Leben?" Wer nur das tut, was er immer getan hat, wird auch nur das bekommen, was er immer bekommen hat.

Wo finden wir den gewünschten Erfolg?

Die eigene Profitressource entdecken
Die Basis für den Erfolg liegt woanders, und zwar in unserer Profitressource.

In den Profitressourcen!

Es gibt eine entscheidende Ressource, die Sie weiter bringt als alles andere im Leben und die den größten Teil Ihres Wertes ausmacht: die *Profitressource*. Und genau dort liegt auch Ihr Erfolgspotenzial!

Die Profitressource ist die Antwort auf die Frage: *Wofür werde ich bezahlt* (von meinem Arbeitgeber bzw. von meinen Kunden)? *Worin besteht mein Wert oder mein Marktwert? Welche von all meinen Aktivitäten hat den höchsten Wert? Wodurch beeinflusse ich die Arbeit und die Leistung anderer ganz besonders?*

Herausragende Ergebnisse in bestimmten Bereichen

Sie sind eingestellt worden, um Ergebnisse *in ganz bestimmten Bereichen* zu erzielen. Ihre Fähigkeiten, Ihr Fachwissen, Ihre Erfahrung, Ihre Motivation und Ihre Strategien in genau diesen Bereichen einzubringen, macht Ihre Profitressource aus! Wenn Ihre Resultate in diesen Bereichen mit den Ergebnissen anderer Menschen kombiniert werden, so entsteht daraus eine wertvolle Leistung oder ein Produkt, für das andere zu zahlen bereit sind. Ihre Profitressource ist etwas, das Sie exzellent beherrschen, Ihre besondere Stärke, die für andere Menschen besonders wichtig ist und die die größten Auswirkungen hat.

Spaß und Freude

Die Profitressource ist fast immer auch die Antwort auf die Frage: *Was macht Ihnen besonders viel Freude?* Wenn Ihnen Ihre Profitressource keine Freude macht, dann häufig deshalb, weil sie von vielen Effizienzblockern zugeschüttet ist. Wir sind manchmal in Gewohnheiten und Routine, in Alibitätigkeiten und Nebenschauplätzen sowie in dringenden Arbeiten so gefangen, dass kein Raum und keine Zeit mehr bleibt für die Profitressource. Dann gerät sie in Vergessenheit oder ins Hintertreffen – und wir sind im Alltagstrott gefangen.

> **Wenn Sie Ihre Profitressource pflegen und ausbauen, dann werden Sie nicht nur erfolgreicher, sondern auch glücklicher und zufriedener – in allen Bereichen Ihres Lebens.**

Aufgabe

Finden Sie Ihre zentrale Profitressource: Welche Fähigkeiten hätten, zur Meisterschaft getrieben und exzellent entwickelt, den positivsten Effekt auf Ihre Laufbahn?

1. _____   2. _____

3. _____

Wie stark bzw. wie häufig oder konzentriert setzen Sie derzeit Ihre Profitressource ein (1 = sehr wenig, 10 = sehr viel)?

1	2	3	4	5	6	7	8	9	10

Was fällt Ihnen spontan ein, um Ihre Profitressource auszubauen bzw. ihren Wirkungsgrad zu erhöhen?

_____

_____

Durch Konzentration zum Spitzenkönner werden

Durch die Pflege und den Ausbau Ihrer Profitressource verändert sich Ihr Alltag. Warum? Sicherlich werden Sie noch immer viele fremdbestimmte Tätigkeiten tun müssen, und es wird noch immer viel langweilige Routine und viele terminlich dringende Aufgaben geben. *Aber Ihr Blickwinkel auf Ihre Arbeit hat sich verändert!*

Die Perspektive verändern

Ohne Profitressource bleibt die Perspektive auf die dringenden, unwichtigen B- und C-Aufgaben, auf die Anweisungen vom Chef, auf das Abarbeiten stets gleicher oder ähnlicher Aufgaben – kurzum: auf die Effizienzblocker – gerichtet. Und genau das ist es, was auf die Dauer so unbefriedigend und frustrierend ist!

> **Wenn Sie jedoch Ihre gesamte Arbeit unter der Perspektive Ihrer Profitressource sehen, dann bekommen all die Effizienzblocker einen völlig anderen Stellenwert. Sie werden nicht mehr so hoch bewertet und als so vorrangig angesehen. Denn nun steht die Profitressource im Zentrum der Aufmerksamkeit, und die Effizienzblocker rücken dorthin, wo sie hingehören: in den Hintergrund.**

Mit dieser neuen Perspektive wächst dann auch die Motivation, die täglichen Effizienzblocker schnell hinter sich zu bringen, um möglichst viel Zeit und Raum zur Entfaltung der Profitressource zu gewinnen. Denn dort locken Spaß und Freude, und dort wartet der Erfolg!

Konzentration Konzentration ist die Fähigkeit, den Fokus ganz und gar auf die Profitressource zu richten und ihn dort zu halten. Den Effizienzblockern hingegen wird nur noch gerade so viel Aufmerksamkeit geschenkt wie unbedingt erforderlich. Die Konzentration wiederum ist auch der Schlüssel dafür, dass die eigenen Profitressourcen wachsen, denn worauf man sich konzentriert, das wird stärker. Selbst wenn die Beschäftigung mit den Profitressourcen jeden Tag nach wie vor nicht mehr als 20 % Ihrer Zeit ausmacht – weil der Rest mit Effizienzblockern draufgeht –, so liegt dann doch der Fokus auf diesen 20 %, die nämlich 80 % oder mehr zu Ihrem Erfolg beitragen.

> **Die Motivation, sich ganz und gar auf die Profitressource zu konzentrieren, ist der Weg, um die Effizienzblocker in die Schranken zu weisen und um erfolgreicher zu werden.**

Konzentration hat auch mit Spezialisierung zu tun. Viele **Spezialisierung**
Menschen können viele Dinge mittelmäßig bis gut. Aber
wirklich erfolgreich ist nur, wer *wenige* Dinge *hervorragend*
beherrscht. Durch seine herausragenden Leistungen als Spitzenkönner wird er von anderen wahrgenommen und engagiert – und kann häufig sogar erheblich höhere Honorare
oder ein höheres Gehalt bekommen.

> **In wenigen Bereichen nach Spitzenleistungen zu streben,
> ist effizienter, als in vielen Bereichen lediglich „gut" zu sein.**

Die eigene Vision finden

Hinter der Frage nach der Profitressource steht noch eine **Vision = Werte**
grundlegendere Frage: *Was erwarten Sie vom Leben?* Das ist
die Frage nach der persönlichen Vision, denn das sind die
Werte, die uns vorantreiben. Die Vision ist das Vermögen,
über unsere gegenwärtige Realität hinauszublicken, etwas
Größeres in den Blick zu nehmen und jemand oder etwas zu
werden, der oder das wir noch nicht sind, aber unbedingt sein
möchten.

> **Die Vision verleiht der Profitressource die nötigen Flügel.**

Die Vision schafft das Zielbewusstsein, auf das hin wir dann **Passion**
effizient sein können. Wer für seine Vision Leidenschaft ent- **für die Vision**
wickelt, ist immer motiviert, an seiner Profitressource zu
arbeiten, denn die Leidenschaft oder Passion, das innere
Feuer, vermittelt die anhaltende Energie, ein Ziel auch dann
anzusteuern, wenn sich Widrigkeiten in den Weg stellen. Die
Vision vermittelt den Sinn.

Aufgabe

Worin sehen Sie die Vision für Ihr Leben? Worin bündeln sich Ihre Profitressourcen wie in einem Brennglas?

_____

_____

Die Profitressource kontinuierlich entwickeln

Engpässe überwinden An der Profitressource zu arbeiten, ist nur möglich, wenn wir bereit sind zuzupacken. Denn nichts ändert sich, es sei denn, wir verändern uns. Bei näherer Beschäftigung mit der Profitressource stellt sich häufig heraus, dass es noch Engpässe gibt, die zuerst überwunden werden müssen, bevor eine Weiterentwicklung möglich ist. Engpässe können in den vier Effizienzfaktoren Wissen, Fähigkeiten, Motivation und Strategie liegen. Damit sie nicht zu Effizienzblockern werden, die unsere Weiterentwicklung lähmen, ist es nötig, die Engpässe herauszufinden.

Aufgabe

Wie sehen Sie den Entwicklungsgrad Ihrer wichtigsten Profitressource in den vier Bereichen Wissen, Fähigkeiten, Motivation und Strategie (1 = sehr niedrig, 10 = sehr hoch)?

Wichtigste Profitressource:

_____

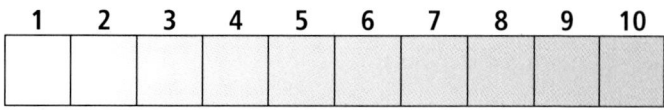

Fachwissen

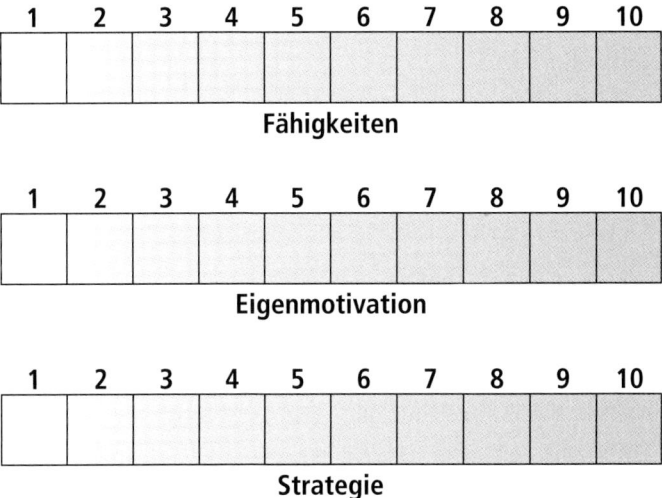

Dort, wo der Wirkungsgrad am niedrigsten ist, liegt Ihr größter Engpass – positiv ausgedrückt: Ihr größtes Entwicklungspotenzial.

Benennen Sie Ihren größten Engpass konkret bzw. beschreiben Sie ihn!

_____

Übrigens verschiebt sich der Engpass im Laufe der Zeit. Wenn er z. B. anfangs im Bereich Fachwissen lag und eine Weile intensiv am Wissenserwerb gearbeitet wurde, so ist dieser Engpass irgendwann schließlich gelöst. Dann taucht meist nach einer Weile ein neuer Engpass in einem anderen Bereich auf, z. B. Motivation, bis auch dieser wiederum gelöst ist – usw.

In folgenden Schritten können Sie Ihre Profitressource kontinuierlich weiter ausbauen:

1. Ermitteln Sie Ihre Profitressource und Ihre Vision.
2. Analysieren Sie den Faktor, der zurzeit Ihren größten Engpass im Bereich Ihrer Profitressource ausmacht.

Die acht Schritte der Profitressourcenentwicklung

113

3. Räumen Sie alle Effizienzblocker des Alltags beiseite, insbesondere im Bereich Motivation.
4. Sorgen Sie dafür, dass Sie alle Nebentätigkeiten reduzieren, minimieren, eliminieren oder delegieren, damit Sie „freie Bahn" haben.
5. Nutzen Sie *jede freie Minute*, um an Ihrer Profitressource zu arbeiten, auch Rest- und Wartezeiten. Arbeiten Sie dabei immer zuerst an Ihrem Engpass.
6. Führen Sie einen konstruktiven Eigendialog: Stellen Sie sich selbst gezielt Fragen, die der Entwicklung der Profitressource, der Lösung des jeweiligen Engpasses sowie der Beseitigung von Effizienzblockern dienen. Ihr Gehirn arbeitet an diesen Fragen und wird Ihnen dann, manchmal in unverhofften Augenblicken, die Lösung präsentieren.
7. Planen Sie schriftlich die Schritte und Wege, um an Ihrer Profitressource zu arbeiten. Nutzen Sie Zeitplanbücher, Palms, elektronische Wiedervorlagesysteme usw.
8. Überprüfen Sie in regelmäßigen Abständen Ihre Fortschritte, und wiederholen Sie Ihre Engpassanalyse.

Sechs Wochen bis zur dauerhaften Verhaltensänderung

Die acht Schritte sind ein Kreislauf, der sich immer wieder von neuem durchlaufen lässt. Zunächst wird die kontinuierliche Arbeit an Ihrer Profitressource noch ungewohnt sein. Am Anfang ist die Gefahr, wieder in alte Gewohnheiten zurückzufallen, besonders groß: Dringende Termine und Arbeiten sowie Zeitdruck verleiten dazu, in alte Reaktionsmuster zurückzufallen, anstatt aktiv zu agieren und sich auf das Wichtige zu konzentrieren. Schon bald gerät dann die Profitressource wieder ins Hintertreffen, wenn man nicht gegensteuert.

Damit die Fokussierung der Profitressource auch von Dauer ist und Sie nicht nach einiger Zeit wieder in den alten Trott der überwiegenden Beschäftigung mit Nebentätigkeiten zurückfallen, sollten Sie sich wenigstens sechs Wochen bewusst jeden Tag an Ihre Profitressource und Ihre jeweilige Aufgaben- oder Fragestellung erinnern. Dabei helfen z.B.

Erinnerungspunkte wie Memokärtchen oder gut sichtbare Haftnotizen. Machen Sie sich bewusst:

Es gibt immer einen kleinen Raum zwischen Reiz und Reaktion. Sie haben in jedem Augenblick die Wahl, ob Sie nur auf Aktuelles oder Dringendes reagieren oder ob Sie innehalten, einen Bezug zu Ihrer Vision herstellen und dann agieren werden.

Sich immer wieder für Ihre Profitressource zu entscheiden, erhöht nicht nur Ihre Effizienz, sondern auch Ihre Integrität. Sie ist der sicherste Weg für langfristigen Erfolg, Erfüllung und Zufriedenheit!

Sich immer wieder für die Profitressource entscheiden

Aufgabe

Was können Sie jetzt sofort entscheiden, um an Ihrer Profitressource zu arbeiten?

Was können Sie *jetzt sofort* tun?

In welchen Schritten werden Sie vorgehen? Bis wann?

---

4. So steigern Sie die Effizienz im Unternehmen

Interview mit Reinhard Pfeil, dem Leiter Vertrieb Fachhandel von Debitel, zum Thema Effizienz

Debitel ist ein Mobilfunkanbieter *(www.debitel.de).*

Zimmermann: Worin sehen Sie die wichtigsten Herausforderungen Ihres Unternehmens für die Zukunft?
Pfeil: Bei der zunehmend aufwendigeren Gewinnung und Betreuung von Kunden dürfen die Gemeinkosten nicht proportional steigen.

Zimmermann: Wodurch ist das möglich – anders gefragt: Wie beabsichtigen Sie sich mit Ihrem Unternehmen gegenüber dem Wettbewerb zu differenzieren, um einen Wettbewerbsvorsprung zu erzielen?
Pfeil: Durch bessere Produkte, kürzere Produktentwicklungszeiten und höhere Produktivität in der Vermarktung.

Angleichung der Marktbedingungen

Zimmermann: Welchen Stellenwert hat aus Ihrer Sicht das Thema Effizienz für Ihr Unternehmen in Bezug auf die Wettbewerbsfähigkeit in der Zukunft?
Pfeil: Effizienz ist der entscheidende Faktor, da sich die Voraussetzungen für alle Marktteilnehmer zunehmend angleichen werden.

Zimmermann: Wenn Sie Ihr Unternehmen anschauen, können Sie dann schätzen, um wie viel Prozent sich die Effizienz erhöhen ließe, vorausgesetzt, man würde sich konkret damit auseinander setzen?

Pfeil: Wenn man es konsequent umsetzen würde, könnte ich mir 10 bis 15 % vorstellen.

Zimmermann: Welches sind Ihre persönlichen Überlegungen und Strategien, um selbst als Person möglichst effizient zu sein?

Pfeil: Ich vertraue auf die Verantwortungsbereitschaft der Mitarbeiter, auf klare Vorgaben und Kontrollen.

Zimmermann: Was machen Sie, um nicht nur Ihre persönliche Effizienz, sondern auch die Ihrer Mitarbeiter möglichst hoch zu halten? Ich bin mir bewusst, dass dies ein enorm schwieriges Unterfangen und eventuell auch eine schwierige Frage ist.

Pfeil: Ich vergebe eindeutige Aufträge und schätze frühzeitig die Realisierbarkeit ein, indem ich Wichtiges von Eiligem trenne.

Zimmermann: Wir haben eine Trainingsmaßnahme mit Führungskräften aus Ihrem Vertrieb durchgeführt. Wie sehen Sie die Effizienz dieser Maßnahme im Verhältnis der eingesetzten Ressourcen zum Ergebnis? Haben Sie dazu messbare Zahlen bzw. Auswirkungen, die Sie uns nennen können?

Effizienz der Trainingsmaßnahme

Pfeil: Der Einsatz der Ressourcen Zeit und Kosten hat einen sehr guten Wirkungsgrad. Mangels konkreter Messmöglichkeiten schätze ich den Wirkungsgrad auf etwas höher als 10 %. Im Bereich der Motivation und des Engagements der Führungskräfte ergab sich eine deutliche Steigerung.

Zimmermann: Welche Rolle spielt die persönliche Effizienz aus Ihrer Sicht für jeden Einzelnen in Bezug auf den eigenen „Marktwert" und seine Zukunftsperspektiven in der freien Wirtschaft?

Pfeil: Da viele Manager ihre Ziele erreichen, bleibt doch letztlich nur die Frage, mit welchem Aufwand im Verhältnis zur benötigten Zeit sie erreicht werden. Somit ist die Effizienz der entscheidende Faktor.

Warum Effizienz im Unternehmen wettbewerbsentscheidend ist

Steigender Wettbewerbsdruck — Nicht nur im persönlichen Bereich, sondern auch in den Unternehmen hat Effizienz einen bedeutenden Einfluss auf den Erfolg. Warum? Jedes Unternehmen steht heute in den Bereichen der Produktentwicklung, der Produktion und des Vertriebs im Wettbewerb mit anderen, und dieser ist in den vergangenen Jahren durch die Globalisierung, durch den Konkurrenzdruck und durch komplizierte Gesetze und Regeln ständig gewachsen.

Gestiegenes Kostenbewusstsein — Insbesondere in dieser wirtschaftlichen Situation sind Preise und Kosten zu einem entscheidenden Faktor der Wettbewerbsfähigkeit geworden: Zu welchen Preisen lassen sich welche Produkte herstellen? Mit welchen Kosten lassen sich welche Leistungen im Vertrieb erbringen? Usw.

> **Der größte Anteil an allen im Unternehmen anfallenden Einzelkosten haben die Personalkosten. Sie machen etwa 80 % aller Kosten aus.**

Den Personalkosten gegenüber fallen alle übrigen Kosten beinahe gar nicht ins Gewicht. Die Arbeitsplatzkosten z. B. machen nur einen verschwindend geringen Anteil von 2 bis 4 % aus – und dies trotz der teuren elektronischen Ausstattung mit PCs an nahezu jedem Arbeitsplatz. Weitere Kosten verteilen sich auf Miete, Fuhrpark usw.

Wenn die Personalkosten den größten Anteil ausmachen, **Personalkosten**
dann beeinträchtigt jedes Prozent, das hier im Bereich der
Effizienz fehlt, bereits die Wettbewerbsfähigkeit! Denn der
Einsatz der Ressource Mensch wirkt sich über den Faktor
Personalkosten unmittelbar auf den gesamten Kostenapparat
wie auch auf die Preise für Produkte und Dienstleistungen
aus. Anders ausgedrückt:

> **Jedes Prozent an Effizienz, mit dem Sie im Unternehmen
> den Wirkungsgrad des Mitarbeitereinsatzes erhöhen,
> wirkt sich unmittelbar und positiv auf Ihre Marktstellung
> und Ihre Wettbewerbsfähigkeit aus.**

Auch im Unternehmen ist es also möglich, durch Einfluss-
nahme auf Fachwissen, Fähigkeiten, Motivation und Strategie die Effizienz gezielt zu erhöhen.

Aufgabe

Wenn Sie das Vier-Faktoren-Modell zugrunde legen, wie hoch schätzen Sie dann in Ihrem Unternehmen die Effizienz, auf den durch-
schnittlichen Mitarbeiter bezogen, in den vier Bereichen:

1	2	3	4	5	6	7	8	9	10

Fachwissen der Mitarbeiter

1	2	3	4	5	6	7	8	9	10

Fähigkeiten der Mitarbeiter

1	2	3	4	5	6	7	8	9	10

Motivation der Mitarbeiter

1	2	3	4	5	6	7	8	9	10

Strategie der Mitarbeiter

In welchem Bereich liegt das größte Entwicklungspotenzial für eine Steigerung der Effizienz?

_____

_____

Wachsende Komplexität vernebelt den Blick

Komplexität der Strukturen Ein Kernproblem vieler Unternehmen (wie auch der öffentlichen Hand) ist heute die Komplexität: Im Laufe der Jahre und Jahrzehnte haben sich überall unzählige Strukturen und Verfahrensabläufe herausgebildet, die sich ständig vermehren, ohne dass Altes wegfiele. Beispielsweise erfordern ein wachsendes Gesetzes-, Regel- und Vorschriftendickicht sowie sich ständig ändernde steuerliche Vorschriften entsprechende Einrichtungen in den Unternehmen, um dem gerecht zu werden.

> Die Anforderungen an die Einhaltung dieser teilweise vom Gesetzgeber vorgeschriebenen Strukturen entsprechen dem, was wir im Bereich der persönlichen Effizienz als „Nebenschauplätze" und „Nebentätigkeiten" bezeichnet haben: Sie tragen nichts zur Produktherstellung oder zum -verkauf bei, müssen aber zwingend bewältigt werden und fressen einen Teil der Personalressourcen auf.

Doch Komplexität lauert auch in anderen Bereichen: So sind die Produkte heute um ein Vielfaches komplizierter als früher. Dies ist teilweise bedingt durch die Elektronik, die es erlaubt, viel mehr Funktionen in ein einzelnes Gerät einzubauen, als das früher der Fall war. Teilweise ergibt sich die Kompliziertheit aber auch aus den differenzierteren Kundenwünschen. Beides – die Produkt- wie auch die Kundenkomplexität – wirkt sich wiederum auf die Strukturen im Betrieb aus: Um die Kundenwünsche genauer zu erfassen, muss im Bereich von Vertrieb und Marketing mehr Aufwand betrieben werden. Und um sie bei den Produkten zu erfüllen, erhöht sich der Aufwand in der Produktentwicklung und -herstellung.

Produkte komplizierter, Kundenwünsche differenzierter

Hinzu kommen die veränderten Informationsstrukturen: Intra- und Internet ermöglichen es, Daten in Sekundenschnelle im Unternehmen via E-Mail herumzuschicken, und ergänzen die herkömmlichen Informationswege Telefon, Fax, Briefe, Memos, Berichte usw. Zu allem Überfluss muss die wachsende Komplexität auf allen Ebenen von weniger Mitarbeitern als früher gestemmt werden. Mit jedem Mitarbeiter, der das Unternehmen verlässt, fließt zugleich Know-how ab *(Brain-Drain)*, das bei der Bewältigung der Komplexität helfen würde.

Elektronische Kommunikation

Der wachsenden Komplexität auf allen Ebenen steht eine sinkende Anzahl von Mitarbeitern gegenüber. Darin lauert die Gefahr eines beständigen Effizienzverlustes, sofern nicht mit geeigneten Mitteln dagegen vorgegangen wird.

Eine wissenschaftliche Studie hat zu dem Ergebnis geführt, dass die Komplexität pro Tag und Arbeitskraft zu einem Effizienzverlust von mindestens zwei Arbeitsstunden führt; vermutlich ist sie sogar noch höher. Die Verschwendung von zwei Stunden pro Tag bewirkt, gemessen am Bruttosozial-produkt, einen Verlust von 156 Milliarden Euro pro Jahr allein in Deutschland. Anders ausgedrückt:

Zwei Stunden pro Tag gewinnen Gelänge es, in Ihrem Unternehmen 120 Minuten pro Tag und Mitarbeiter für die wesentlichen Aufgaben „zurückzugewinnen", so wäre dadurch bereits eine enorme Effizienzsteigerung gegeben. Sie könnten Ihre Kräfte und Energien in die wirklich wichtigen Aufgaben wie Mitarbeiterentwicklung, Kundengewinnung und Produktentwicklung investieren, anstatt sich in Nebenschauplätzen zu verzetteln.

Aufgabe

Wie hoch schätzen Sie den Effizienzverlust durch die wachsende Komplexität in Ihrem Unternehmen ein, gemessen an der Anzahl der Arbeitsstunden?

Wie hoch wäre der Effizienzgewinn in Form eingesparter Personalkosten, wenn sich diese Arbeitsstunden für wichtige Aufgaben einsetzen ließen?

Entlasten Sie Ihre Mitarbeiter durch optimales Informationsmanagement

„Je mehr wir mit Fakten eingedeckt werden,
desto weniger erschließt sich uns der Hintergrund
oder Zusammenhang einzelner Botschaften."

NEIL POSTMAN

Die drei Schlüsselfragen im Bereich des Wissens lauten:

Drei Schlüsselfragen

1. Verfügen die Mitarbeiter über ausreichendes Wissen, um ihre Aufgaben selbständig zu bearbeiten?
2. Wie lässt sich im Unternehmen in einem Bereich vorhandenes Wissen für alle bereitstellen (= Know-how-Transfer)?
3. Wo sind überflüssige Informationen vorhanden, die sich reduzieren ließen?

Die dritte Frage erstaunt zunächst, weil wir allgemein immer davon ausgehen, dass es eher zu wenig als zu viel Wissen gibt und dass man daran arbeiten muss, mehr und nicht weniger Informationen zu bekommen. Das stimmt aber nur bedingt, wenn wir bedenken, dass die wachsende Komplexität gerade auch im Bereich der Informationen den Blick vernebelt.

Besseres Informationsmanagement führt zu klareren Strukturen

Viele Mitarbeiter in zahlreichen Unternehmen beklagen sich über eine wachsende Überlastung, die aus der Komplexität resultiert. Auf der anderen Seite beklagen sich Führungskräfte, dass Veränderungen nur schwer durchzusetzen sind und die Bereitschaft der Mitarbeiter, festgelegte Ziele umzusetzen, zu wünschen übrig lässt. Beides hängt jedoch miteinander zusammen: Eine wissenschaftliche Untersuchung hat gezeigt, dass der Widerstand gegen Veränderungen unter anderem aus der Überlastung resultiert.

Widerstand aufgrund von Überlastung

123

4. So steigern Sie die Effizienz im Unternehmen

Besonders schwer wiegt die Überlastung im Bereich der Informationen: Zu viele Informationen kursieren auf allen Ebenen gleichzeitig, so dass die Mitarbeiter das Wesentliche nicht mehr herausfiltern können. Das heißt, im Grunde sind sie durchaus bereit zu Veränderungen, sehen jedoch vor lauter Bäumen den Wald nicht mehr.

> **Die Folge der Überlastung durch zu viele Informationen ist Orientierungslosigkeit. Dadurch gehen wichtige Geschäftsziele und Aufgaben unter.**

80 % aller Infos überflüssig oder unzulänglich

Ungefähr 80 % der internen Kommunikation – via Besprechungen, Präsentationen, E-Mails usw. – dienen der Vermittlung von Informationen, für die *keine* Handlungen erforderlich sind oder deren Vernachlässigung *keinerlei* Konsequenzen hat. All diese Informationen sind nichts weiter als *Datenmüll*, der die Kommunikationswege verstopft und zur Desorientierung der Mitarbeiter beiträgt!

80 % der Mitarbeiter erklären andererseits, dass sie die Informationen, die sie für ihre Arbeit bräuchten, nicht finden können oder dass sie sich nicht in eine Entscheidung oder Handlung umsetzen lassen. Wir haben also einen Gegensatz zwischen zu vielen irrelevanten Informationen auf der einen Seite und zu wenigen handlungs- und entscheidungsrelevanten Informationen auf der anderen Seite. Hier kann ein besseres Informationsmanagement Abhilfe schaffen.

> **Ein optimales Informationsmanagement sollte in allen Unternehmensbereichen auf *Vereinfachung* zielen:**
> ▪ **Informationen sollten *leichter zugänglich* abgelegt und abgespeichert werden.**

- Sie sollten *verständlicher erklärt* und vermittelt werden.
- Sie sollten *einfacher löschbar* sein.
- Es sollten *weniger Informationen* weitergeleitet und erstellt werden.

Dazu im Folgenden einige Vorschläge und Anregungen.

Strategien zur Informationsreduktion

Die leichtere Zugänglichkeit von schriftlichen Informationen ist eine Frage des Ablagesystems. Die Ablage ist etwas, dem bis heute in den Unternehmen weder besondere Aufmerksamkeit geschenkt noch eine hohe Priorität eingeräumt wird – im Gegenteil, sie gilt eher als unwichtig, obwohl sie zum Nebenschauplatz werden und dann zu massiven Effizienzverlusten führen kann.

Normalerweise ist die Ablage Sache der Sekretärin, wobei dann jede Sekretärin im Unternehmen für ihren Bereich ein anderes System entwickelt. Es gibt so gut wie nirgendwo ein unternehmensübergreifendes oder wenigstens abteilungsübergreifendes *einheitliches* Ablagesystem! Ist jedoch die Sekretärin in Urlaub oder krank, dann beginnt die Sucherei. Noch schlimmer ist es bei Gruppenablagen, bei denen verschiedene Mitarbeiter nach unterschiedlichen Kriterien ablegen und manche auch „schlampig" sind. In diesem Fall findet man sich überhaupt nicht mehr zurecht.

Einheitliches Ablagesystem installieren

Wertvolle und teure Arbeitszeit vieler Mitarbeiter wird mit dem Suchen von Informationen verschwendet, wobei der Erfolg der Suche noch nicht einmal garantiert ist! Je mehr Personen auf eine Ablage zugreifen müssen, umso konsequenter und disziplinierter muss sie geführt werden. Die folgenden einfachen Tipps helfen, Informationen leicht auffindbar zu machen:

■ Legen Sie gemeinsam mit allen Mitarbeitern, die Zugriff auf die Informationen haben sollen und müssen, ein *einheitliches Ablagesystem* fest. Ideal wäre ein unternehmenseinheitliches Ablagesystem.

■ Beschreiben Sie das Ablagesystem auf einer einzelnen Din-A4-Seite.

■ Machen Sie die Beschreibung am Arbeitsplatz als Navigationshilfe für jedermann zugänglich, z. B. indem Sie sie an zentraler Stelle gut sichtbar aufhängen.

■ Legen Sie gegebenenfalls eine Person fest, die immer und grundsätzlich für die Ablage zuständig ist.

Ablagesystem für den PC Genauso schwierig wie das Finden von schriftlichen Informationen ist auch das Auffinden von Infos auf dem Computer. Hier ist das Ablagesystem meist noch mehr im Argen, weil es nicht gesteuert wird, sondern jeder Mitarbeiter an seinem PC sein eigenes System für sich praktiziert, über das er mit niemandem kommuniziert. Der eine speichert alle Informationen alphabetisch ab, der Nächste geordnet nach Sachgebieten oder Stichwörtern, der Dritte hingegen bevorzugt das „kreative Chaos" auf seiner Festplatte. So kommt es einerseits zu unnötigen Doppeln von Informationen, die nicht nur elektronisch, sondern irgendwo auch noch schriftlich abgelegt sind; andererseits erhöht sich auch hier die Zugriffszeit, z. B. wenn ein Mitarbeiter durch einen anderen vertreten wird und dieser sich im fremden System zurechtfinden muss. Auch dafür gibt es Abhilfe:

■ Legen Sie ein zentrales Ablagesystem für alle PCs aller Mitarbeiter einheitlich fest.

■ Optimal ist es, wenn das schriftliche Ablagesystem dem elektronischen Ablagesystem 1 : 1 entspricht. Auf diese Weise lassen sich unnötige Informationsdoppel (Printausdruck und digitale Speicherung) sowie Suchvorgänge vermeiden.

Das Thema Ablage hier weiter zu vertiefen, würde den Rahmen dieses Buches sprengen. Zum Glück gibt es heute sogar Dienstleister, die sich auf Archivierung und Ablagesysteme spezialisiert haben und auch große Unternehmen mit komplizierten Systemen beraten bzw. sie bei der optimalen Organisation unterstützen können. Bedenken Sie: Ein ungeeignetes Ablagesystem ist ein großer Effizienzblocker, der durch überflüssige Suchzeiten Personalressourcen verschwendet! Denn Zeit, die mit Nebentätigkeiten wie dem Suchen nach Infos vertan wird, fehlt den Mitarbeitern bei der Durchführung der wirklich wichtigen Aufgaben, die das Unternehmen weiterbringen.

Unübersichtliche Ablage = Effizienzblocker

Häufig werden Daten auf dem PC nur deshalb nicht gelöscht, weil man aufgrund eines unübersichtlichen Ablagesystems Angst hat, sie sonst nie mehr wiederzufinden. Während Papiermüll des Öfteren weggeworfen wird, da er sonst Platz stiehlt, besteht bei elektronischen Informationen die Tendenz, sie überhaupt nicht mehr zu löschen, sondern immer weiter anzusammeln. Das ist darum so verführerisch, weil sie scheinbar unsichtbar sind. Wer jedoch auf seiner Festplatte immer nur sammelt, ohne wegzuwerfen, schwimmt bald im eigenen Datenmüll, der auch auf dem PC zu längeren Zugriffs- und Suchzeiten führt. Legen Sie daher im Unternehmen einheitliche Kriterien fest, wann und unter welchen Umständen welche Informationen gelöscht werden können und müssen.

Datenmüll entsorgen

Strategien zur Informationsaufbereitung

Viele Mitarbeiter im Unternehmen sind nicht in der Lage, Geschäftsziele umzusetzen, und zwar schlicht und einfach

Infos verständlich erklären

deshalb nicht, weil sie die ihnen gegebenen Informationen nicht verstehen. Vieles ist zu verklausuliert formuliert, und oft wimmelt es von überflüssigen englischsprachigen Begriffen, gerade im Management. Wer weiß schon, was *Efficient Customer Response, Collaborative Planning, Forecasting* und *Replenishment* ist? Man müsste stets ein Fachwörterbuch zur Hand haben, um all die heute kursierenden Begriffe überhaupt noch zu verstehen!

> **Wenn Sie wollen, dass Ihre Mitarbeiter die wesentlichen Geschäftsziele verstehen, nachvollziehen *und umsetzen* können, dann formulieren Sie sie so, als ob Sie sie Ihrer Großmutter beim Kaffeetrinken erzählen würden.**

Geschichten statt abstrakter Beschreibungen

Man hat festgestellt, dass Mitarbeiter auf Veränderungsforderungen dann besonders gut ansprechen, wenn sie in die Form einer Geschichte gekleidet sind. Falls Sie z. B. die Reklamationsrate senken wollen, ist es wenig effizient, den Mitarbeitern einfach einen Maßnahmenkatalog vorzulegen, was sie in Zukunft wie tun oder anders machen sollen. Die Reaktion darauf ist häufig nur ein Achselzucken, weil die Gründe nicht verstanden werden und die Mitarbeiter den Eindruck haben, die Geschäftsführung wolle ihnen etwas „verkaufen". Erzählen Sie stattdessen jedoch, was in der Reklamationsabteilung und beim betreffenden Kunden passiert ist, so bleibt dies als konkretes Erlebnis viel besser im Gedächtnis, zumal Geschichten oft den Charakter von Anekdoten haben. Der Grund für die Veränderung ist aufgrund der vorgefallenen Ereignisse nun jedermann einsichtig und die Bereitschaft zu handeln größer. Die Zuhörer akzeptieren die Logik des Erzählers, ziehen jedoch ihre eigenen Schlussfolgerungen. Und die Geschichte nimmt den Charakter einer To-do-Liste an.

In vielen Unternehmen existiert ein fast schon ausuferndes Berichtssystem: Große Datenmengen und Fakten müssen in regelmäßigen Abständen zusammengetragen und ausgewertet werden. Wenn dies schon teilweise unumgänglich ist, so lässt es sich jedoch vereinfachen:

Einfachere Berichte

- Verzichten Sie auf ausführlich formulierte, mehrseitige Berichte. Installieren Sie stattdessen das 1-Seiten-Reportsystem, bei dem jeder Bericht nur maximal *eine Seite lang* sein darf.
- Alternativ zur schriftlichen Ausformulierung bietet sich die *Visualisierung* von Daten in Form von Grafiken, Kuchendiagrammen usw. an.
- Verzichten Sie auf überflüssige Berichte, indem Sie die Intervallzeiten vergrößern. Häufig genügen Quartals- anstatt Wochen- oder Monatsberichte.
- Sorgen Sie dafür, dass der Mitarbeiter, der die besten und effizientesten Berichte erstellt, sein Know-how an die Kollegen weitergibt (Benchmarking).

Auf überflüssige Informationen verzichten

Fachleute führen die Einforderung häufiger Berichte auf Planungsunsicherheiten im Management zurück und sprechen bereits von einer wahren Planungs- und Statistikwut. In der Tat sind Soft- und Hardware heute so leistungsfähig geworden, dass es ein Leichtes ist, Datensätze nach Dutzenden verschiedener Fragestellungen zu durchforsten. Ein Mobilfunkanbieter z. B. befragte zur Entwicklung eines neuen Handy-Tarifsystems 21 Millionen Datensätze unter verschiedenen Kriterien der Telefonnutzung nach unterschiedlichen Tageszeiten. Das Ergebnis bestand aus mehreren Millionen Antworten!

Datenerhebungen einschränken

Millionen Daten sind nicht interpretierbar

Datenmengen dieses Umfangs sind nicht mehr handhabbar! Denn alle Daten brauchen am Ende eine bewusste Bewertung und die Ableitung einer Entscheidung sowie einer Handlung. Bei mehreren Millionen, ja selbst schon bei einigen hundert Daten, ist unser Gehirn völlig überfordert. Man kann Beliebiges in die Daten hinein- oder herausinterpretieren und ist am Ende genauso klug wie zuvor.

> Große Datenmengen werden zum Effizienzblocker, weil sie vom Wesentlichen, nämlich der Entscheidungsfindung, ablenken. Zudem binden sie häufig Personalressourcen, denn die Mitarbeiter sind es ja, die die Daten zusammentragen müssen.

Lassen Sie sich nicht von der Leistungsfähigkeit moderner Soft- und Hardware verleiten, zu viele Informationen zu sammeln. Ein Zuviel an Informationen ist nicht nur ein Komplexitätstreiber, sondern führt zur totalen Desorientierung.

Ausufernde Budgetplanungen

Zur jährlichen Planung gehört die Erstellung von Budgets, die häufig auch mit zu großem Aufwand und viel zu detailliert erarbeitet werden. Aber die Maßnahmen eines ganzen Jahres können nicht in wenigen Wochen in allen Details vorausbedacht werden. Hier besteht ebenfalls die Neigung, sich zu verzetteln, anstatt sich auf Wesentliches zu konzentrieren. Erfolgreiche Unternehmen machen es vor: Aldi verzichtet trotz mehr als 30 Milliarden Euro Jahresumsatz in über 5.000 Läden auf ein Budgeting. Warum kann Aldi sich dies erlauben? Weil das Unternehmen klar auf seine jedem einzelnen Mitarbeiter bewusste Profitressource „höchste Qualität und niedrigstmöglicher Preis bei einem auf 700 Artikel begrenzten Sortiment" fokussiert ist! Diese Profitressource ist auch jedem Kunden von Aldi bewusst, denn in ihr besteht das „Erfolgsgeheimnis" des Lebensmitteldiscounters. Diese zentrale Profitressource ist nicht kompliziert, sondern *einfach* und in wenigen Worten auszudrücken. Wie auch Sie sich in Ihrem Unternehmen auf Ihre Profitressourcen konzentrieren, anstatt sich auf große Daten- und Informationsmengen zu verlassen, erfahren Sie in den Unterkapiteln „Strategie" und „Profitressourcen" (ab S. 154). Bedenken Sie, dass auch bei der Generierung von Informationen das Pareto-Prinzip gilt:

Nur 20 % aller Informationen erbringen bereits 80 % aller Ergebnisse. Deshalb ist es effizienter, dass man durch Sammeln *weniger, aber gezielter* Informationen „ungefähr richtig" liegt als mit *vielen,* in der Absicht der Vollständigkeit gesammelten Informationen „haargenau falsch".

Aufgabe

In welchen Bereichen verliert Ihr Unternehmen/verlieren Sie persönlich an Effizienz durch überflüssige Komplexität im Informationsmanagement?

_____

_____

Wie ließe sich das Ablage- und Abspeicherungssystem verbessern?

_____

_____

Welche Daten könnten schon heute in Ihrem Unternehmen bedenkenlos gelöscht bzw. entsorgt werden? Wo überall?

_____

_____

Welche Informationen werden in Ihrem Unternehmen unklar oder unverständlich an die Mitarbeiter weitergegeben und könnten vereinfacht werden?

_____

_____

Auf welche Informationen bzw. Daten könnte und sollte ganz verzichtet werden?

_____

_____

Erweitern Sie das Fachwissen Ihrer Mitarbeiter

Durch Reduktion der Info-Menge die relevanten Infos herausfiltern

Es sind simple und doch in der Summe sehr effiziente Maßnahmen: die Ablage vereinheitlichen, weniger Berichte erstellen, auf Daten verzichten. Doch der Wirkungsgrad dessen ist sehr hoch und dürfte, bei vollständiger Durchführung, in den meisten Unternehmen mehr als zwei Arbeitsstunden pro Tag und Mitarbeiter an Einsparung erbringen.

Erst wenn überflüssige Informationen auf ein Minimum reduziert wurden, lassen sich im Bereich des Fachwissens auch die beiden übrigen Schlüsselfragen beantworten, ob nämlich das Know-how der Mitarbeiter zur Erledigung ihrer Aufgaben ausreicht und wie der Know-how-Transfer bewerkstelligt werden kann. Häufig ist es so, dass die Mitarbeiter bereits über die notwendigen Informationen und das Know-how zur Durchführung ihrer Aufgaben verfügen, diese nur in der riesigen Informationsmenge, die auf sie einprasselt, völlig untergehen. Die Reduktion der Informationen schärft den Blick für das Wesentliche und die relevanten Informationen. Das Problem der Mitarbeiter ist nicht, dass sie nicht wissen, was sie machen müssen, sondern dass sie nicht machen, was sie wissen.

Das Fachwissen der Mitarbeiter sollte immer im Hinblick auf ihre Aufgaben gesehen werden; von den Aufgaben wiederum tragen nur etwa 20 % zu den Unternehmenszielen bei, während 80 % der Abwicklung von Nebentätigkeiten dienen. Diese Verteilung ist auch der Maßstab für die Weiterentwicklung des Fachwissens bei den Mitarbeitern in Form von Seminaren, Schulungen und Gesprächen.

Fachwissen in Bezug auf Aufgaben sehen

> **Weiterentwickelt werden sollte bei den Mitarbeitern nicht irgendwelches Wissen, sondern dasjenige, das zur Durchführung der relevanten 20 % aller Aufgaben beiträgt.**

Es gibt Mitarbeiter, die zu den Spitzenkönnern gehören und über besonders viel Fachwissen verfügen. Sie sollten Zeit und Gelegenheit erhalten, ihr Wissen an die übrigen Mitarbeiter weiterzugeben, damit auch diese davon profitieren. Dieser Know-how-Transfer wird im Unternehmen häufig vernachlässigt. Ist bei Ihnen z. B. sichergestellt, dass ein Mitarbeiter, der ausscheidet, sein Know-how in vollem Umfang an seinen Nachfolger oder andere Kollegen weitergibt? Sonst kommt es jedes Mal bei einem Personalwechsel oder einer Verminderung der Anzahl der Mitarbeiter zu einer „Wissenslücke", die

Know-how-Transfer

häufig nur unter Effizienzverlust – quasi durch Versuch und Irrtum über mehrere Monate – geschlossen werden kann. Know-how-Transfer ist eine Frage der Kommunikation, und genau daran hapert es oft, nicht selten aufgrund von Abteilungsegoismen.

> Stellen Sie sicher, dass alle Mitarbeiter im Unternehmen die notwendigen Informationen erhalten, die sie für ihren Arbeitsbereich brauchen. Gute Lösungen sollten allen Mitarbeitern zugänglich gemacht werden.

Aufgabe

In welchen Bereichen des Fachwissens haben Ihre Mitarbeiter Defizite, die bei der Durchführung der Aufgaben zu Effizienzverlusten führen?

_____

_____

Wie lassen sich diese Defizite wirkungsvoll beseitigen?

_____

_____

Fördern Sie die Mitarbeiter bei der Entwicklung ihrer Fähigkeiten

*„Nichts kann den Menschen mehr stärken
als das Vertrauen, das man ihm entgegenbringt."*

ADOLF VON HARNACK

Die „blinden Passagiere" im Unternehmen

In jedem Unternehmen gibt es blinde Passagiere, die sich durch mehr Effizienz reduzieren ließen: unrentable Produkte, die kaum einen Beitrag zum Ertrag leisten; Zulieferer, die nicht zuverlässig sind; Arbeitsprozesse, die zu lange dauern und nichts zu den Geschäftszielen beitragen; Kunden, die mehr kosten, als sie bringen – und Mitarbeiter, die ihr Geld nicht wert sind.

Das Pareto-Prinzip, angewandt auf die Mitarbeiter, besagt: Nur etwa 15 % der Mitarbeiter erzeugen Überschüsse, die weit über ihr Gehalt hinausgehen; weitere 65 % schwimmen mit der breiten Masse und sind in etwa so viel wert, wie sie verdienen; und ca. 20 % erzielen für sich selbst einen größeren Nutzen als für das Unternehmen, für das sie arbeiten. Im ersten Kapitel haben wir am Beispiel der Studie des *Gallup*-Instituts gesehen, wie hoch der Schaden durch ineffiziente Mitarbeiter in den Unternehmen ist. Hier lässt sich durch effiziente Führung vieles bewirken!

Das 80/20-Prinzip bei den Mitarbeitern

Eines der wichtigsten Ziele sollte sein, dass Mitarbeiter selbständig und eigenverantwortlich ihre Aufgaben bearbeiten, und zwar dass sie es sowohl *können* als auch *tun*. Das Tun ist eine Frage der Motivation, mit der wir uns im nächsten Unterkapitel (S. 144) beschäftigen; das Können ist eine Frage der Fähigkeiten, mit denen wir uns hier auseinander setzen.

Die Eigenverantwortlichkeit fördern

Die Fähigkeiten sagen etwas darüber aus, wie vorhandenes Wissen angewendet und wie es in praktische Handlungen umgesetzt wird; es bezeichnet also die Schnittstelle zwischen Wissen und Handeln. Fachleute unterscheiden im Bereich der Fähigkeiten sechs Stufen eigenverantwortlichen Tuns:

1. Auf Anweisungen warten
2. Fragen stellen
3. Tätigkeiten oder Problemlösungen empfehlen
4. Handeln und sofort berichten
5. Handeln und regelmäßig berichten
6. Selbständig handeln

Ideal wäre es natürlich, wenn sich alle Mitarbeiter auf Stufe 6 befänden, denn in diesem Fall wäre der höchste Wirkungsgrad in ihrem Tun und Können erreicht. Ziel ist es daher, kontinuierlich an der Weiterentwicklung der Fähigkeiten der Mitarbeiter zu arbeiten.

> **Die kontinuierliche Ausbildung und Weiterentwicklung der Fähigkeiten aller Mitarbeiter trägt wesentlich zur Effizienzsteigerung bei.**

Zur Weiterentwicklung der Mitarbeiter kann wiederum das Vier-Faktoren-Modell der Effizienz dienen.

Aufgabe

Wenden Sie das Vier-Faktoren-Modell der Effizienz auf jeden einzelnen Mitarbeiter an:
Wie ausgeprägt sind bei jedem Mitarbeiter die Ressourcen Fachwissen, Fähigkeiten, Eigenmotivation und Strategie (eventuell auf einem gesonderten Blatt ausarbeiten)?

_____

_____

Auf welcher Stufe der Eigenverantwortlichkeit sehen Sie Ihre einzelnen Mitarbeiter?

_____

_____

In welchem Bereich liegt jeweils das stärkste Entwicklungspotenzial bzw. liegen die größten Effizienzblocker Ihrer Mitarbeiter?

_____

_____

Es gibt fünf Maßnahmen, um die Fähigkeiten der Mitarbeiter gezielt weiterzuentwickeln:

Fünf Maßnahmen zur Entwicklung der Fähigkeiten

- Mitarbeiter bekommen die richtigen Informationen zur richtigen Zeit.
- Ihnen steht eine geeignete Infrastruktur zur Durchführung ihrer Aufgaben zur Verfügung.
- Sie haben durch Gespräche mit Vorgesetzten und Kollegen die Gelegenheit zum Lernen.
- Mitarbeiter besuchen Seminare und Schulungen.
- Mitarbeiter erhalten die Möglichkeit und die nötige Zeit, um Fähigkeiten zu trainieren, wobei in der Lernphase Fehler toleriert werden.

Informationsfilter setzen

Punkt 1 haben wir bereits behandelt: Häufig besteht das Problem nicht in zu wenigen, sondern in zu vielen Informationen, die zur Desorientierung der Mitarbeiter führen und damit auch die Handlungsfähigkeit beeinträchtigen und lähmen. Hier helfen neben der Eindämmung der Informationsflut allgemein auch Filter, die dazu beitragen, wichtige Informationen zu selektieren. Solche Filter können darin bestehen, dass der Vorgesetzte den Blick der Mitarbeiter immer wieder auf die wesentlichen Informationen in ihrem Arbeitsbereich lenkt, damit sie nicht im „Informationseinerlei" untergehen.

Die Infrastruktur verbessern

Mit der Infrastruktur des Unternehmens ist gemeint, dass die Mitarbeiter die nötigen Arbeitsmittel und Werkzeuge erhalten, um ihre Aufgaben zu bearbeiten. Eine Studie führte zu dem Ergebnis, dass viele Unternehmen gerade in diesem Bereich noch Nachholbedarf haben: Sie sind zwar erfolgreich, wenn es darum geht, die Bedürfnisse des Marktes zu erfüllen, hinken aber, wenn es um die Bedürfnisse ihrer Mitarbeiter geht. Mitarbeiter vertrauen darauf, dass die Infrastruktur ihnen dabei hilft, effizient zu arbeiten, indem die Werkzeuge und Arbeitsmittel optimal auf sie zugeschnitten sind. Zu diesen Arbeitsmitteln zählen im weiteren Sinne auch Informationen, daneben u.a. Strategien und das gesamte technische Equipment.

Effizienzverlust durch ungeeignete Ausstattung

Mit ungeeigneten Arbeitsmitteln kann viel Zeit verloren oder vergeudet werden. In Kapitel 3 habe ich bereits das Beispiel eines „billigen" Computerdruckers gebracht, der zwar 1.500 Euro weniger kostet, aber durch seine langsamen Ausdrucke, die mehr Arbeitszeit beanspruchen, im Extremfall 18.000 Euro mehr pro Jahr an Personalkosten frisst. Im Bereich der Infrastruktur nur auf die Anschaffungskosten anstatt auf die täglichen „Gebrauchskosten" zu schauen, kann zu einem wahren Effizienzkiller werden. Ungeeignete Arbeitsmittel führen dazu, dass die Mitarbeiter entweder ihre wertvolle

Arbeitszeit mit irrelevanten Nebentätigkeiten vergeuden oder dass die Arbeitsresultate nicht der angestrebten Qualität entsprechen. Insbesondere eine veraltete technische Ausstattung ist ein großer Effizienzblocker.

Wählen Sie das technische Equipment, das Sie Ihren Mitarbeitern zur Verfügung stellen, nicht allein nach den Anschaffungskosten aus, sondern vor allem nach dem Wirkungsgrad im Hinblick auf die Erledigung der Aufgaben, denen es dienen soll. Unter diesem Gesichtspunkt kann sich eine teurere Ausstattung sehr schnell rentieren.

Erst wenn sichergestellt ist, dass die Mitarbeiter die nötigen Informationen zur Durchführung ihrer Aufgaben haben und die Infrastruktur zu ihrer Erledigung optimal ist, können die Fähigkeiten der Mitarbeiter wirklich beurteilt und eingeschätzt werden. Denn die beiden möglichen Effizienzblocker im Bereich Wissen und Arbeitsausstattung sind nun ausgeschaltet.

Mitarbeitergespräche effizient führen

Gespräche mit Mitarbeitern sind eines der häufigsten und wirkungsvollsten Mittel, um sie zum Lernen oder zu Verhaltensänderungen zu bewegen. Leider werden die Gespräche, vor allem Kritikgespräche, von Vorgesetzten oft als unangenehm erlebt und dann gemieden oder aufgeschoben – mit der Folge, dass sich Effizienzblocker ausbreiten: Der Mitarbeiter lernt nichts, und der Vorgesetzte verliert Energien, weil er einen wichtigen Teil seiner Arbeit nicht oder nicht wirkungsvoll genug angeht. Manchmal müssen durch ungeeignetes Vorgehen auch vier oder fünf Gespräche geführt werden, bis beim Mitarbeiter eine Verhaltensänderung eintritt, obwohl durch professionellere Gesprächsführung ein oder zwei Gespräche genügt hätten.

Kritikgespräche nicht aufschieben

Verhaltens-änderungen nicht anordnen

Ist der Ärger aufseiten des Vorgesetzten groß, weil der Mitarbeiter zum wiederholten Male denselben Fehler macht, dann werden Verhaltensänderungen oft im „Befehlston" angeordnet. Aber das führt natürlich nicht weiter, weil dies die Motivation des Betreffenden lähmt und damit eine seiner vier wichtigen Effizienzfaktoren blockiert.

Gespräche effizient gestalten

Besseres Wissen über die Durchführung von Mitarbeitergesprächen kann helfen, dass sie nicht zum Effizienz*blocker*, sondern zum Effizienz*motor* im Unternehmen werden. Zu viele Gespräche haben noch immer das Ziel, einfach nur Informationen mitzuteilen. Das ist jedoch ineffizient, denn für die reine Informationsvermittlung gibt es genügend andere Kanäle. Häufig hapert es ja beim Mitarbeiter nicht daran, dass er nicht weiß, *was* er tun soll, sondern daran, dass er nicht weiß, *wie* er es angehen soll.

> **Effiziente Mitarbeitergespräche sollten immer auf das Wie des Handelns abzielen, nicht auf das Was; sie sollten also Strategien vermitteln, klären, Motive ansprechen, unterstützende Maßnahmen festlegen und Schritt für Schritt den Weg zum selbständigen Handeln bahnen.**

Ziele des Gesprächs klar festlegen

Viele Gespräche bleiben wirkungslos, weil das Ziel des Gesprächs am Anfang nicht klar festgelegt wird. Häufig weiß der Mitarbeiter nicht: „Will der Chef mich über eine Sache nur informieren? Oder will er mir seine persönliche Meinung mitteilen? Und ist diese Meinung eben nichts weiter als eine ‚Meinung' oder ist sie als Kritik an meiner Vorgehensweise zu verstehen mit der stillschweigenden Aufforderung, es in Zukunft anders zu machen?" Von Anfang an klar festgelegte Ziele helfen, Missverständnissen vorzubeugen. Legen Sie ebenso klar fest, wie das jeweilige Gespräch nachbereitet werden soll und welche Maßnahmen vereinbart werden.

Häufig entscheiden bereits die ersten Sätze über den Erfolg des Gesprächs. Denn gerade am Anfang hört der Gesprächspartner aus Gründen der Neugier und Erwartung besonders intensiv zu. Schaffen Sie daher eine positive Gesprächsatmosphäre und beginnen Sie in Form von Fragen, da Behauptungen oft Widersprüche provozieren.

Kernfrage für den Vorgesetzten sind die selbstkritischen Fragen: „Inwieweit besitze ich die Fähigkeit, meine Mitarbeiter zu mobilisieren? Besitze ich genügend Einfühlungsvermögen, um mich in die Mitarbeiter hineinzudenken? Kann ich bei den Mitarbeitern eine hohe Motivation aufrechterhalten bzw. herstellen?" Falls die ehrliche Antwort Nein lautet, so gibt es Wege und Möglichkeiten, diesen Effizienzblocker zu überwinden; man kann sich z. B. coachen lassen, Seminare besuchen oder erfolgreichen Kollegen über die Schulter schauen.

Die eigenen Effizienzblocker erkennen

Weitere Methoden

Kommunikation ist in vielen Bereichen der entscheidende Faktor, nicht nur um die Fähigkeiten der Mitarbeiter weiterzuentwickeln. Denn Führung besteht überwiegend aus Kommunikation. Entscheidend ist die Fähigkeit, eine Beziehung zum jeweiligen Gegenüber aufzubauen. Zwar wird in vielen Unternehmen heute versucht, den Einfluss der menschlichen Komponente auf Entscheidungen so gering wie möglich zu halten – indem z. B. „objektive" und gegebenenfalls per Computer erstellte Entscheidungskriterien festgelegt werden –, aber trotzdem ist es letztlich so, dass alle Entscheidungen von Menschen getroffen und umgesetzt werden.

Schlüsselfaktor Kommunikation

Der Kommunikation kommt im Unternehmen eine herausragende Rolle zu.

Beispiel Verkauf Der Verkauf ist ein gutes Beispiel dafür: Die Kaufentscheidung wird letztlich auf der Basis von Kommunikation getroffen, ungeachtet aller schriftlich niedergelegten Kriterien oder des Preises für ein Produkt. Der Verkauf ist auch ein Beispiel dafür, wie Benchmarking als Mittel zur Weiterentwicklung der Mitarbeiterressourcen eingesetzt werden kann. Benchmarking heißt: Lernen durch „Abgucken" bei den Besten.

Lernen durch Gerade im Verkauf gibt es manche Mitarbeiter, die über-
Benchmarking durchschnittliche Leistungen erbringen, welche sich an den Verkaufsabschlüssen ablesen lassen. Häufig begnügt man sich damit, den besten Verkäufern am Jahresende einen „Orden" umzuhängen und sie mit Beifall von den anderen weniger guten Verkäufern bedenken zu lassen. Effizienter wäre es jedoch, wenn die weniger fähigen Verkäufer Gelegenheit hätten, die Methoden der Spitzenkönner unter ihren Kollegen genau kennen zu lernen, um ihre eigenen Fähigkeiten weiterzuentwickeln.

> Benchmarking ist eine effiziente Methode des Know-how-Transfers, um exzellente Fähigkeiten auch auf andere Mitarbeiter im Unternehmen zu übertragen.

Messkriterium: Ein gutes Messkriterium der Effizienz von Verkäuferfähig-
Anzahl der keiten ist die Anzahl der Neukundengewinnung. Wer hier zu
Neukunden den Spitzenleuten zählt, sollte von seinen Vorgesetzten Gelegenheit erhalten, seine Methoden an die übrigen Verkäufer weiterzugeben, z. B. im Rahmen eines *Training on the Job*. So ist der Know-how-Transfer im Unternehmen sichergestellt.

Seminare besuchen Mitarbeiterfähigkeiten, die sich nicht durch Kommunikation mit Vorgesetzten, durch Benchmarking oder durch andere unternehmensinterne Maßnahmen erlernen lassen, sollten gezielt in Seminaren trainiert werden.

Der Fähigkeitsgrad der Mitarbeiter entscheidet zu einem großen Teil über den Wirkungsgrad der Effizienz im Unternehmen: Je besser Mitarbeiter die notwendigen Fähigkeiten beherrschen, umso erfolgreicher kann das Unternehmen als Ganzes auftreten.

Aufgabe

Mit welchen Methoden und Maßnahmen wollen Sie in Zukunft die Weiterentwicklung der Fähigkeiten Ihrer Mitarbeiter sicherstellen?

_____

_____

Welche eigenen Effizienzblocker haben Sie als Vorgesetzter bei sich selbst im Hinblick auf Mitarbeitergespräche erkannt?

_____

_____

Wie wollen Sie diese beseitigen?

_____

_____

Beseitigen Sie die Effizienzblocker der Motivation

„Der Mensch ist von Natur aus so gestrickt, dass er erfolgreich handeln, Einfluss ausüben und geliebt werden will."

JULIUS KUHL

Bedeutung der Motivation Motivation wirkt sich unmittelbar auf das Leistungspotenzial und den Output aus, den die Mitarbeiter erbringen. Eines der Anzeichen für den Grad der Motivation ist das Engagement, das die Mitarbeiter in ihrem Tätigkeitsbereich entfalten. Bei hoher Motivation sind die Menschen zufriedener bei ihrer Arbeit und bringen auch unaufgefordert mehr Energie ein. Dies führt automatisch zu mehr Effizienz, da ein höherer Energieeinsatz auch einen größeren Output, also mehr Leistungen in kürzerer Zeit, bewirkt.

Eine höhere Motivation der Mitarbeiter führt zu einer *Win-Win*-Situation im Unternehmen: Der Arbeitgeber spart durch einen höheren Output nicht nur Personalkosten, sondern gewinnt durch größere Einsatzbereitschaft der Mitarbeiter auch an Wettbewerbskraft im Markt. Auf der anderen Seite gestaltet sich das Arbeitsleben für die Mitarbeiter selbst reichhaltiger und zufriedener, denn sie haben das Gefühl, dass sie sinnvolle Aufgaben erfüllen und etwas bewirken.

Aufgabe

Wie hoch schätzen Sie die Motivation der Mitarbeiter in Ihrem Arbeitsbereich oder in Ihrem Unternehmen in Prozent ein?

_____

_____

Jedes Prozent, das bis zur 100%-Marke fehlt, bedeutet nicht optimal genutzte Personalkosten, die an der Wettbewerbsfähigkeit zehren!

Den Grad der Motivation messen

Um den Grad der Motivation der einzelnen Mitarbeiter zu bestimmen oder zu schätzen, bietet sich wiederum das 4-Faktoren-Modell an:

> **4-Faktoren-Modell anwenden**

- Wie hoch ist die Bereitschaft des Einzelnen, an seinem Fachwissen zu arbeiten und Neues zu lernen?
- Wie hoch ist die Motivation des Einzelnen, seine Fähigkeiten voll einzubringen?
- Wie hoch ist die Motivation, durch geeignete Strategien bei der Erledigung der Aufgaben konzentriert vorzugehen, anstatt sich in Nebentätigkeiten zu verzetteln?

Es gilt, hierfür geeignete Kriterien als Maßstab festzulegen, um die Motivation zu messen oder wenigstens zu schätzen. Im Verkauf z. B. ist die Anzahl der vereinbarten Kundentermine und auch die Anzahl der Gespräche mit Neukunden ein sinnvoller Maßstab. Ein _allgemeiner_ Maßstab für die Motivation der Mitarbeiter im Unternehmen ist der Grad der Personalfluktuation. Je höher sie innerhalb kurzer Zeit ist, je mehr Mitarbeiter von sich aus kündigen oder einen anderen Arbeitgeber suchen, desto geringer ist die Motivation insgesamt. Eine hohe Personalfluktuation kostet erhebliche Leistungsressourcen, denn jeder neue Mitarbeiter muss zuerst gesucht und dann eingearbeitet werden.

> **Kriterien und Maßstäbe**

Aufgabe
Welche Kriterien eignen sich zur Messung der Motivation der Mitarbeiter in Ihrem Arbeitsbereich?

_____

_____

Wenn Sie diese Kriterien anlegen, wie hoch ist dann die Motivation der einzelnen Mitarbeiter auf einer Skala von 1 (= sehr niedrig) bis 10 (= sehr hoch)? Die Skala sollten Sie idealerweise bei jedem Mitarbeiter separat anlegen.

1	2	3	4	5	6	7	8	9	10

Spannbreite der Motivation

Die Bandbreite der Motivation ist sehr weit: Sie reicht von 100 % am einen Ende bis zur inneren Kündigung am anderen Ende. Entsprechend groß kann auch die Spannweite des Leistungsspektrums der einzelnen Mitarbeiter sein. Nach der im ersten Kapitel zitierten _Gallup_-Studie ist die Motivation in Deutschland in den meisten Unternehmen erschreckend niedrig, da 84 % aller Arbeitnehmer zu den Unmotivierten oder innerlich Gekündigten gehören, was zu einem wirtschaftlichen Verlust von 220 Milliarden Euro jährlich führt!

Arbeitsplatzunsicherheit trägt zur geringen Motivation bei

Mitarbeiter wissen, dass Arbeitsplatzsicherheit heute der Vergangenheit angehört. Die Welle der Fusionen, des Stellenabbaus und der Umstrukturierungen hat ihre Treue zum jeweiligen Unternehmen in den letzten Jahren drastisch sinken lassen; viele fühlen sich heute nur noch als „Mitarbeiter auf Zeit" oder als „permanente Aushilfskräfte". Dieses Gefühl ist eines der _allgemeinen_ Gründe für eine geringe Motivation.

Wenn sich auch die gesamtwirtschaftliche Situation nicht leicht ändern lässt, so kann dennoch jede Führungskraft dazu beitragen, die Motivation der Mitarbeiter in ihrem Bereich zu halten oder anzuheben.

> Es gehört zu den notwendigen Fähigkeiten jeder Führungskraft, die Motivation der Mitarbeiter in ihrem Bereich zu steuern und damit auch die Motivation für das gesamte Unternehmen positiv zu beeinflussen.

Die Hauptgründe für die fehlende Motivation

Einer der wenigen Experten in Deutschland, der sich mit dem Thema „Motivation" intensiv befasst hat, ist Reinhard Sprenger. Von ihm wissen wir: Menschen lassen sich nicht motivieren. Man kann nur die Barrieren beiseite räumen, die die Motivation behindern – anders ausgedrückt: Motivation entsteht, wenn die Effizienzblocker beseitigt werden. Menschen lassen sich darum nicht „von außen" – von anderen Menschen oder Dingen – motivieren, weil Motivation ein „innerer" (intrinsischer) Faktor ist. Mit anderen Worten: Menschen entscheiden selbst darüber, was sie motiviert.

Menschen lassen sich nicht von außen motivieren

Im Allgemeinen sind alle Menschen motiviert, mit ihrer Arbeit einen wertvollen Beitrag zu einem sinnvollen Ganzen, wie z. B. einem Unternehmen, zu leisten. Dies hängt mit der von der Evolution vorgegebenen Erfolgsprogrammierung zusammen: Jeder möchte von Natur aus erfolgreich sein. Effizienzblocker jedoch legen diese Motivation lahm.

Was jeden motiviert

> Die Beseitigung der Effizienzblocker ist die Hauptaufgabe zur Freilegung und Steigerung der Motivation.

Es gibt zwei große Effizienzblocker, die in vielen Unternehmen die Motivation lähmen:

1. Die Mitarbeiter fühlen sich als Menschen zu *wenig beachtet.*
2. Sie fühlen sich zu stark *kontrolliert.*

Diese beiden Effizienzblocker lassen sich mit einfachen Mitteln, die nichts kosten (!), beseitigen oder zumindest einschränken.

Menschenorientierung statt Sachorientierung

In nahezu allen Unternehmen besteht die Neigung, sich sehr stark auf die ökonomische Dimension, auf Abläufe, auf Daten, auf Technik oder auf Dinge zu konzentrieren, demgegenüber jedoch den sozialen und menschlichen Bedürfnissen der Mitarbeiter keine oder wenig Beachtung zu schenken. Mitarbeiter beklagen sich, dass sie mit ihren Leistungen gar nicht wahrgenommen werden oder dass sie sich den Abläufen und den Strukturen – also den Sachzwängen – unterzuordnen haben; sie beklagen sich hingegen nicht über Kritik. Denn Kritik bedeutet ja bereits, dass sie beachtet werden.

Fehlende Wahrnehmung Wer mit seiner Leistung nicht wahrgenommen wird, hat auch bald keine Motivation mehr, überhaupt noch eine gute oder sogar überdurchschnittliche Leistung zu erbringen. Wenn Mitarbeiter immer wieder übergangen werden, wenn ihre erbrachten Leistungen nicht registriert oder sogar von anderen Zielen sofort wieder infrage gestellt werden, dann herrscht bald das Gefühl vor: „Mein Engagement bringt ja doch nichts", und die Motivation sinkt in den Keller.

Mehr loben Eines der einfachsten und wirkungsvollsten Mittel, um die Leistung von Mitarbeitern zur Kenntnis zu nehmen und zu würdigen, ist das Lob. Im Grunde weiß dies jeder Vorgesetzte, nur wird es zu wenig praktiziert.

Loben ist die einfachste Form, um Motivation zu erzeugen und zu steigern.

In Kapitel 3 haben wir das Integritätskonto im Zusammenhang mit der Motivation kennen gelernt. Ein solches Konto führt nicht nur jeder mit sich selbst, sondern auch jeder Mitarbeiter gegenüber dem Unternehmen, in dem er arbeitet, wie auch gegenüber dem Vorgesetzten, mit dem er es in seinem Arbeitsumfeld zu tun hat. Ein Lob kommt einer Einzahlung auf diesem Konto gleich; dasselbe gilt für das Einhalten von Versprechungen und Verpflichtungen, ebenso für das Erweisen kleiner Gefälligkeiten und Aufmerksamkeiten.

Das Beziehungskonto

Demgegenüber führen Gleichgültigkeit, Ablehnung, Rücksichtslosigkeit, nicht eingehaltene Versprechen usw. zu Abbuchungen vom Konto. Je mehr im Laufe der Zeit vom Beziehungskonto abgebucht und je weniger darauf eingezahlt wird, desto niedriger sind die Motivation und die Leistungsbereitschaft, die übrigens von der Bezahlung nicht beeinflusst wird.

Im Grunde ist es so einfach: Jedes Gespräch mit einem Mitarbeiter bietet eine Chance, die Beziehung zu pflegen und auf dem Beziehungskonto das Guthaben zu erhöhen. Es ist nur eine Frage der Perspektive. Liegt der Schwerpunkt auf der Sachorientierung, so ist der Vorgesetzte sofort bereit, sich bei anstehenden Problemen die Handwerkermütze aufzusetzen und den Reparaturdienst zu spielen. Liegt der Blickwinkel hingegen auf der Menschenorientierung, so geht es zuerst um das zwischenmenschliche Vertrauen und den Mitarbeiter selbst.

Dutzende von Chancen zur Beziehungspflege

Das rechte Maß von Vertrauen und Kontrolle schaffen

Vertrauen und Kontrolle, das scheinen zwei feindliche Brüder zu sein, die nicht gut miteinander können. Der alte Spruch von Lenin „Vertrauen ist gut, Kontrolle ist besser" ist jedoch nicht dazu angetan, die Motivation der Mitarbeiter zu heben, im Gegenteil.

Ein Übermaß an Kontrolle …

Wir erleben heute in allen öffentlichen Räumen ein Übermaß an Kontrolle – gleich ob wir in ein Kaufhaus gehen, ob wir mit der U-Bahn fahren, eine Bank betreten oder ins Schwimmbad gehen: Überall sind Überwachungskameras angebracht, die jeden Schritt aufzeichnen und kontrollieren; alle Waren sind elektronisch gegen Diebstahl gesichert. Dieser Kontrollzwang setzt sich im Unternehmen fort: Dort sind es Regeln, Vorschriften und ein bürokratisches Dickicht, die jeden Ablauf kontrollieren, „sicherstellen" sollen. Ein Übermaß an Kontrolle steigert auch Komplexität in den Unternehmen und vermehrt die Anzahl der Informationen, die der Einzelne zur Kenntnis nehmen muss.

… macht Mitarbeiter zu Befehlsempfängern

Vielfach steckt einfach nur die Angst vor Fehlern hinter den Kontrollsystemen. Häufig wird auch überreagiert: Ein *Einzelner* hat einmal einen Fehler begangen; damit das nur ja nicht wieder geschieht, wird für *alle* verbindlich ein neue Vorschrift oder Regel installiert. Diese Angst überträgt sich natürlich auf die Mitarbeiter – mehr noch: Sie haben das Gefühl, dass sie nur noch auf Anweisung handeln können und dürfen; sie werden zu bloßen Befehlsempfängern, die nur auf Druck reagieren. Wie wir bei den sechs Stufen der Eigenverantwortlichkeit gesehen haben (vgl. S. 136), sinkt die Selbständigkeit im Handeln damit auf die niedrigste Stufe „Warten auf Anweisungen" herab. Dies lähmt nicht nur die Motivation, sondern auch die Entfaltung der Fähigkeiten. Es besteht keine Chance mehr, kreativ zu werden und zu lernen.

Übermäßige Kontrolle schürt Misstrauen und blockiert die Eigeninitiative und die Selbständigkeit der Mitarbeiter.

Sicher kann man auf Kontrolle im Unternehmen nicht ganz verzichten, aber sie sollte in einem ausgewogenen Maß zum Vertrauen stehen. Hat die Menschenorientierung gegenüber der Sachorientierung Vorrang, so werden viele Kontrollen überflüssig und die verbleibenden wiegen weniger schwer.

Kontrolle ist nicht überflüssig

Kontrolle begleitet das Vertrauen und ist nach wie vor notwendig – die Frage ist jedoch, *wie* sie durchgeführt wird. Kontrolle sollte nicht der Fehlersuche und dem anschließenden Abstrafen dienen, sondern ein Dialog zwischen Vorgesetztem und Mitarbeiter über Aufgaben und Ergebnisse sein – mit dem Ziel, dessen Leistungen zu würdigen und gegebenenfalls zu verbessern. Kontrolle ist also, richtig durchgeführt, ein *Lerninstrument* für den Mitarbeiter. In diesem Sinne hat der Mitarbeiter sogar ein Recht auf Kontrolle, damit er sich weiterentwickeln kann.

Kontrolle in angemessener Form und in Verbindung mit Vertrauen ist ein Mittel, um den Mitarbeiter bei der Weiterentwicklung seiner Fähigkeiten zu unterstützen und zu motivieren.

Kontrolle und Vertrauen schließen sich also nicht gegenseitig aus, sondern ergänzen sich. Vertrauen ohne jede Kontrolle macht blind, und Kontrolle ohne Vertrauen führt im Extrem zur menschenverachtenden Überwachung. Nur ein ausgewogenes Verhältnis zwischen beiden verhindert Einseitigkeiten mit negativen Folgen. Ein hohes Vertrauen zu den Mitarbeitern spricht für eine hohe Unternehmenskultur.

Ausgewogenes Verhältnis zwischen Kontrolle und Vertrauen

Freisetzung von Potenzial Letztendlich geht es im Unternehmen nicht um die Kontrolle als solche, sondern um die Freisetzung von Leistungspotenzial, die durch selbständiges und eigenverantwortliches Handeln gefördert wird und den Output erhöht.

Aufgabe

Herrscht in Ihrem Unternehmen die Menschen- oder die Sachorientierung vor? Was können Sie in Ihrem Arbeitsbereich tun, um die Menschenorientierung stärker in den Vordergrund zu rücken?

_____

_____

Welche Kontrollmechanismen sind in Ihrem Unternehmen überflüssig, weil motivationshemmend? Welche sind oder wären notwendig, weil sie der Weiterentwicklung der Mitarbeiter dienen?

_____

_____

Im Team effizienter arbeiten als allein

Der Weltrekord für 400 Meter Einzellauf liegt bei 43,18 Sekunden; der Weltrekord für 400 Meter Staffellauf hingegen liegt bei 37,4 Sekunden. An diesem einfachen Beispiel erkennen wir, dass Teamarbeit sehr stark zur Motivation beitragen und den Output, die erbrachte Leistung, steigern

kann. Die Leistungen des Einzelnen sind höher, wenn er im Team arbeitet, als wenn er für sich allein arbeitet – vorausgesetzt, die Rahmenbedingungen für die Teamarbeit stimmen.

> **Teamarbeit ist ein effizientes Mittel, um den Wirkungsgrad der Arbeit jedes Einzelnen zu erhöhen.**

In einem guten Team unterstützen und motivieren sich die Mitglieder gegenseitig, was dann zur Leistungssteigerung aller führt. Um die Teamarbeit voll zur Geltung kommen zu lassen, sollten Sie als Vorgesetzter mögliche Effizienzblocker ausschalten:

- Sorgen Sie dafür, dass neben den Einzelaufgaben der Mitarbeiter genügend Freiraum für die Teamarbeit vorhanden ist.
- Legen Sie ein Ziel und einen Termin fest, bis wann es erreicht werden soll.
- Sorgen Sie für eine zügige Umsetzung und Fortsetzung des Teamprozesses, anstatt zu viel Zeit von der ersten Informationsveranstaltung bis zur ersten Gruppenarbeit vergehen zu lassen.
- Gliedern Sie den Projektablauf in Meilensteine oder Projektphasen.
- Delegieren Sie als Führungskraft konsequent nicht nur die Aufgaben, sondern auch die Verantwortung dafür an die Teammitglieder.
- Auch im Team bleibt jeder für sich, sein Handeln und seine Arbeitsergebnisse verantwortlich, sonst wird „Team" zur Abkürzung für: **T**oll, **E**in **A**nderer **M**acht's.
- Unterstützen Sie die Mitarbeiter des Teams durch klare Aussagen über Ziele, Ergebnisse, Erwartungen, Anerkennungen, Budgets usw.
- Offenes, faires Streiten sowie Anpassungs- und Uneinigkeitsphasen gehören dazu und erhöhen den Teamgeist.

Effizienzblocker im Team vermeiden

Auf diese Weise wird die Teamarbeit zu einem Motivationsfaktor.

Vorsprung durch Strategie

*„Nachdem wir das Ziel endgültig
aus den Augen verloren hatten,
verdoppelten wir unsere Anstrengungen."*

MARK TWAIN

Komplexität, der Effizienzkiller Nr. 1 im Unternehmen

Bereits zu Anfang des Kapitels wurde dargelegt, inwieweit sich Komplexität auf die Erhöhung der Arbeitsstunden und damit der Personalkosten auswirkt und wie sie sich im Bereich der Informationen eindämmen lässt. Komplexität wirkt jedoch nicht nur in den Bereich des Wissens hinein, sondern beeinflusst auch die Fähigkeiten und die Motivation der Mitarbeiter. Komplexität zu reduzieren macht somit einen Großteil der Strategie aus. Denn strategisch denken heißt, sich auf das Wichtige zu konzentrieren und das Unwichtige auszuschalten.

In allen Unternehmensbereichen Komplexität ist in praktisch allen Unternehmensbereichen anzutreffen, denn sie ist ein Maß dafür, *wie* Abläufe, Strukturen, Produkte, Kunden- und Lieferantenbeziehungen usw. gestaltet werden.

Ein System ist umso komplexer,
- je mehr Varianten, Arbeitsschritte, Elemente oder Möglichkeiten es enthält und
- je mehr Beziehungen zwischen diesen Varianten, Schritten, Elementen oder Möglichkeiten bestehen.

Komplexitätstreiber Das bedeutet konkret:
- Je mehr Produkte ein Unternehmen anbietet,
- je mehr Komponenten diese Produkte haben,

- je mehr Kunden oder Kundengruppen bedient werden müssen,
- je unterschiedlicher die Kundenwünsche bei den einzelnen Produkten sind,
- je mehr Lieferanten ein Unternehmen braucht,
- je mehr Regeln, Vorschriften oder Bürokratie im Unternehmen existieren,
- je mehr Schritte ein Arbeitsprozess oder eine Aufgabe hat,
- je mehr Mitarbeiter an einer Aufgabe arbeiten,
- je mehr Unternehmensziele gleichzeitig verfolgt werden – usw.,

desto mehr steigt die Komplexität an.

Wir machen uns häufig gar nicht klar, *wie sehr* die Anzahl der Elemente, Komponenten, Abläufe oder Varianten die Komplexität beeinflusst. Dies wird jedoch deutlich, wenn wir uns das zentrale Komplexitätsgesetz anschauen:

Das zentrale Komplexitätsgesetz

> **Der Grad der Komplexität wächst *im Quadrat* zur Anzahl der notwendigen Elemente, Komponenten, Varianten oder Schritte.**

Nehmen wir an, ein Produkt besteht nur aus einer einzigen Komponente. In diesem Fall gilt: *Anzahl der Komponenten = 1 ≠ Komplexitätsfaktor des Produkts = $1^2 = 1$.*

Ein Beispiel

Bei zwei Komponenten gilt jedoch schon: *Anzahl der Komponenten = 2 ≠ Komplexitätsfaktor des Produkts = $2^2 = 4$.*

Bei 3 Komponenten liegt der Faktor bereits bei $3^2 = 9$, bei 4 Komponenten beträgt er $4^2 = 16$, bei 5 Komponenten $5^2 = 25$, bei 10 Komponenten $10^2 = 100$ usw. Zehn Komponenten haben also die Komplexität bereits verhundertfacht! Während die Anzahl der Komponenten lediglich arithmetisch steigt, wächst die Komplexität immer exponentiell.

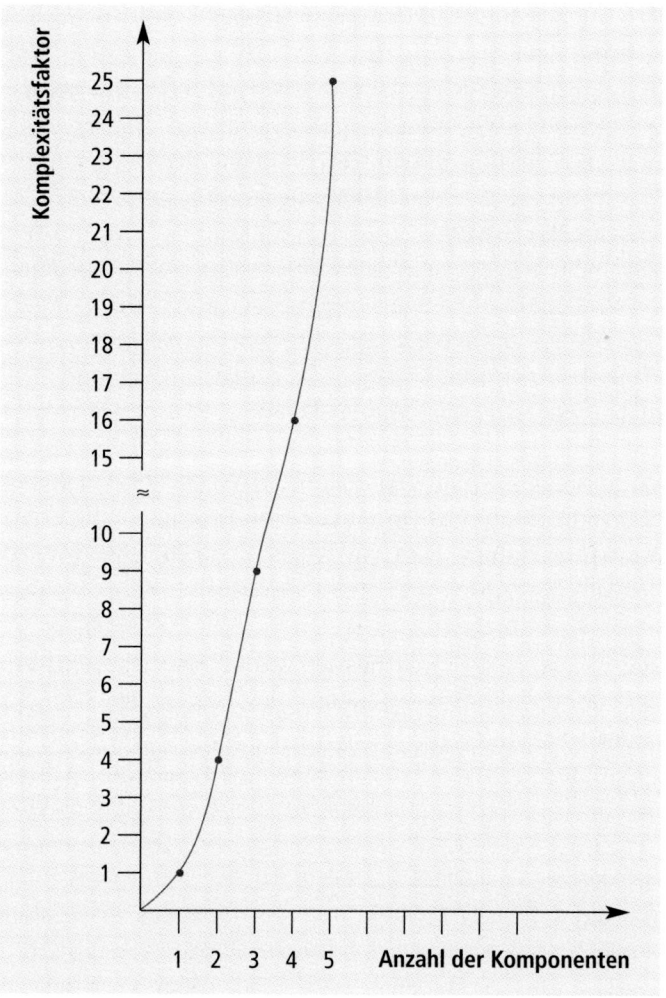

Jeder zusätzliche Arbeitsschritt bzw. jede zusätzliche Variante, Möglichkeit oder Komponente frisst Kosten, Zeit sowie Leistungsressourcen und ist eine potenzielle Fehlerquelle – mithin ein *riesiger Effizienzkiller,* der schnell die scheinbar gewonnenen Vorteile zunichte macht.

Es ist so verführerisch: Man glaubt, man könne durch Einführung einer neuen Variante „mit geringem Aufwand" eine Verbesserung einbringen, z. B. ein Produkt besser an die Wünsche einer speziellen Kundengruppe anpassen oder einen Kunden-Sonderwunsch realisieren. Dabei denkt man nur an den *einen* Schritt mehr, der erforderlich wäre, aber nicht an die *gigantische* Steigerung der Komplexität, die damit verbunden ist. Häufig wäre es effizienter, auf die Abänderung des Produktes – und womöglich sogar auf den Auftrag – zu verzichten, als sich der steigenden Komplexität bei begrenzten Ressourcen an Mitarbeitern, Zeit und Kapital auszusetzen. In dem Maße, wie die Komplexität steigt, fallen die Erträge.

Das gilt z. B. auch für das Berichtswesen im Unternehmen: Nehmen wir an, ein Handelsunternehmen führt 1.200 Artikel im Sortiment. Pro Quartal sollen die Mitarbeiter eine Statistik über den Verkauf führen, was 1.200 statistischen Positionen entspricht. Nun werden die Intervalle für die Statistik von einer quartalsweisen auf eine wöchentliche Berichtszeit verkürzt, weil man glaubt, auf diese Weise „genauere" Zahlen zu erhalten und den Verkauf „besser steuern" zu können. Die Anzahl der statistischen Positionen hat sich dadurch aber verzwölffacht – auf 14.400 (!) –, ebenso die Arbeitszeit und die einzusetzenden Mitarbeiterressourcen.

Die Anzahl der Artikel reduzieren

Falls die wöchentlichen Erhebungen überhaupt einen Nutzen haben sollen, dann müsste dieser mindestens 12-mal so hoch sein wie der investierte Arbeitsaufwand, um effizient zu sein – mit anderen Worten: Es müsste auch innerhalb eines Quartals mindestens 12-mal so viel verkauft werden, um den Mehraufwand von den Kosten her überhaupt zu rechtfertigen! Effizienter wird das Unternehmen aber nicht durch eine Vervielfachung der Verkaufsstatistik, sondern wahrscheinlich eher durch eine Reduzierung der Artikel: Welche der 1.200 Artikel tragen wesentlich zum Umsatz bei, und welche sind sowieso nur „Ladenhüter"?

> Gelingt es, die vorhandene Komplexität nur um eine einzige Komponente, Variante oder Möglichkeit zu reduzieren, so werden dadurch bereits enorme Effizienzpotenziale freigesetzt. Jeder Verzicht auf Komplexität ist ein Gewinn an Effizienz!

Komplexität können wir heute in nahezu allen Bereichen beobachten: Viele Produkte – besonders elektronische wie Handys, Videorekorder, Soft- und Hardware – sind so kompliziert, dass sie die Käufer mit ihren diversen Funktionen überfordern; etliche Funktionen sind auch von den Käufern gar nicht erwünscht. Es gibt in allen Bereichen heute so viele Produkte, dass der Verbraucher ratlos vor überfüllten Regalen steht und sich kaum entscheiden kann, zumal die Produkte vielfach austauschbar sind. Hier täte eine Reduktion der Komplexität Not.

Beispiel Bahntarife Man hat den Eindruck, dass die Reduktion der Komplexität für manche Unternehmen nicht nur effizienzsteigernd, sondern sogar überlebenswichtig geworden ist. Man denke nur an die Änderung der Tarife der Deutschen Bahn im November 2002. Das einfache, übersichtliche System, nach dem jeder mit der Bahncard eine Preisreduzierung von 50 % bekam, wurde abgeschafft und durch einen komplizierten „Tarifdschungel" ersetzt. Nun gab es komplexe Bedingungen, wann und unter welchen Umständen eine Preisreduzierung von 25, 40, 50 oder 60 % möglich war; hinzu kamen üppige Stornogebühren für gebuchte, aber nicht benutzte Züge, die die Kunden verärgerten.

Das ganze System wurde quasi über Nacht so komplex, dass die Kunden nicht mehr mitspielten. Sogar die Mitarbeiter der Bahn waren überfordert, weil sie immer wieder überteuerte Fahrkarten ausstellten, wie die Presse mehrfach berichtete. Während die Bahn noch versuchte, den Kunden das neue System als das bessere schmackhaft zu machen, blieben diese mehr und mehr aus. Nachdem die Bahn – trotz aller PR-Bemühungen, die das neue System anpriesen –, in nur sechs Monaten einen Verlust von 362 Millionen Euro (!) eingefahren hatte, steuerte man endlich gegen: Innerhalb nur eines Monats wurde das alte System ab August 2003 mit geringfügigen Modifizierungen wieder eingeführt. Man kann nur vermuten, wie lange es noch bis zur Insolvenz der Deutschen Bahn gedauert hätte, wenn sie weiterhin auf dem neuen Tarifsystem bestanden hätte.

Wie machen es demgegenüber erfolgreiche Unternehmen? In vielen Untersuchungen wurde immer wieder festgestellt, dass erfolgreiche Unternehmen sich durch *Einfachheit* auszeichnen. Sie vermeiden von vornherein überflüssige Komplexität, weil sie sich auf das Wesentliche konzentrieren und dabei lieber auf oft nur geringfügige Vorteile durch Komplexitätserhöhung verzichten.

Erfolgreiche Unternehmen sind lean

Zu den erfolgreichen und als unkompliziert geltenden Unternehmen gehören z. B. Aldi, Ikea, Dell, Toyota und Scania. Der skandinavische LKW-Hersteller zeichnet sich durch einfache Konstruktionen, einfache Produktionsprozesse und einfache Managementstrukturen aus. Die Einfachheit beruht auf einer strategischen Entscheidung: Scania hat eine andere Strategie gewählt als Mitbewerber, um sich von ihnen abzuheben.

Erfolgreich ist auch die Citibank in New York, die ihre Hypothekenanträge vereinfacht hat. Früher gingen die Anträge durch die Hände vieler Mitarbeiter, so dass es sechs Wochen dauerte, bis endlich eine Entscheidung getroffen war. In dieser Zeit hatten die Kunden längst bei einer anderen Bank einen Kredit aufgenommen. Durch Reduzierung der Zwischenschritte bei der Kreditvergabe wurde das Verfahren von sechs Wochen auf einen Tag verkürzt. Der *Effizienzgewinn* lag nicht nur in verringerter Zeit und in eingesparten Mitarbeiterressourcen, sondern auch im Gewinn vieler

Beispiel Bank

neuer Kunden, der zu einem Umsatzzuwachs von mehreren Millionen Dollar führte. Innerhalb kurzer Zeit wurde die Bank sogar zum Marktführer im Bereich der Hypothekendarlehen.

> **Viele Beispiele belegen immer wieder: Die Reduktion und Vermeidung von Komplexität führt unter dem Strich zu enormen *Effizienzgewinnen,* die sich *in allen Unternehmensbereichen* bemerkbar machen: durch eingesparte Mitarbeiter- bzw. Personalkosten, durch Zeitgewinn, durch Gewinn zusätzlicher Kunden und damit einer sicheren Marktposition.**

Das 80/20-Prinzip lenkt den Blick aufs Wesentliche

Wie schafft ein Unternehmen es nun, sich auf die wesentlichen und wichtigen Dinge zu konzentrieren und damit der Versuchung der Komplexität zu entgehen? Die Antwort kennen wir bereits: Sie liegt im 80/20-Prinzip. 80 % eines Produktnutzens sind bereits mit 20 % der Produktkomponenten gegeben – warum also die Produkte durch unnötige Details verkomplizieren? 20 % aller Produkte tragen schon 80 % zum Ertrag bei – welche sind das? Worin die 20 % Aufwand und die 80 % Ertrag jeweils liegen, lässt sich für ein Unternehmen nicht „pauschal" und oft auch nicht auf Anhieb sagen. Hier gilt es, detaillierte Analysen durchzuführen. Auf diese Weise wird dann auch quantitativ messbar, wo die größten Effizienzpotenziale im Unternehmen verborgen liegen.

Den Handlungsspielraum nutzen

Strategisches Vorgehen beruht immer auf einer bewussten Entscheidung, und diese ist eine Frage des menschlichen Handlungsspielraums. Wer beispielsweise Kopierstraßen verkauft, alles über die Geräte weiß und auch verkäuferisch top ist, dann aber die Produkte Schreinern und Metzgern anbietet anstatt Druckereien und Copyshops, liegt strategisch daneben. Der gegebene Handlungsspielraum wurde nicht optimal genutzt. Dasselbe ist der Fall, wenn ein Vorgesetzter mehrfach auf einen Mitarbeiter „einredet", damit dieser sein Verhalten ändert, anstatt sich eine geeignete Gesprächsstrategie zuzulegen und dann mit nur einem Gespräch die Verhaltensänderung zu erreichen. Eine geeignete Gesprächsstrategie kann z.B. darin bestehen, den Mitarbeiter durch gezielte Fragen dazu zu bringen, sich eigene Lösungswege zu erarbeiten. Strategie bedeutet auch, vorhandenes Know-how anzuwenden.

Aufgabe
Wo überall verbergen sich in Ihrem Unternehmen Komplexitätstreiber?

_____

_____

Wie lassen sich diese ermitteln, analysieren und quantitativ messen?

_____

_____

Wie lässt sich überflüssige Komplexität abbauen? Mit anderen Worten: Welche Prozesse, Produkte, Arbeitsabläufe usw. ließen sich vereinfachen?

_____

_____

Die Erfolgs-Konzentrierte Strategie (EKS) anwenden

Differenzierte Möglichkeiten, um sich auf das Wesentliche im Unternehmen zu konzentrieren und die Effizienz zu unterstützen, gibt außerdem die von Wolfgang Mewes entwickelte Erfolgs-Konzentrierte Strategie (EKS) an die Hand. Die EKS ist eine Strategie, die sich stark auf die Marktstellung eines Unternehmens fokussiert. Jedes Unternehmen hat *eine* zentrale Stärke, also eine Profitressource, die unter allen Umständen weiterzuentwickeln ist (mehr dazu ab Seite 167).

Auf eine Zielgruppe und deren Bedürfnisse konzentrieren

Mit seiner Profitressource fokussiert sich das Unternehmen auf den Nutzen für seine Umwelt, und zwar – genauer ausgedrückt – auf die Lösung *eines bestimmten* Problems für *eine klar umrissene* Zielgruppe. Darin liegt ihr erfolgversprechendstes Geschäftsfeld. Das ist zwar klar und einleuchtend, wird jedoch oft nicht beachtet, wenn Unternehmen z. B. völlig heterogene Zielgruppen mit ganz unterschiedlichen Bedürfnissen bedienen, anstatt sich wirklich auf *eine* Zielgruppe, und zwar die erfolgversprechendste, zu konzentrieren.

Wenn ein Unternehmen mit seinen Kunden 250.000 Euro Umsatz in drei Monaten macht, dann mag es im Vergleich zu Konkurrenten, die mit derselben Zielgruppe nur 150.000 Euro Umsatz erreichen, effizient sein. Falls das betreffende Unternehmen jedoch mit denselben Produkten im gleichen Zeitraum bei gleichem oder sogar geringerem Mitteleinsatz (also mit weniger Mitarbeitern, weniger Zeit oder niedrigeren Kosten) mit einer *anderen* Zielgruppe 400.000 Euro Umsatz machen könnte, dann ist es trotzdem ineffektiv. Zunächst hätte die strategische Kernfrage beantwortet werden müssen: Mit welcher Zielgruppe lässt sich bei geringstem Aufwand der höchste Umsatz erzielen?

Verschiedene Schritte der EKS, die hier nicht alle im Einzelnen erläutert werden können, führen bei konsequenter Durchführung und Konzentration zwingend zur Marktführerschaft. Wichtig ist unter anderem, durch geeignete Kooperationspartner die eigene Konzentration zu fördern und gleichzeitig eine Verzettelung zu vermeiden. Manchmal ist es z. B. sinnvoll, ein bestimmtes Komplettpaket für eine Zielgruppe anzubieten, weil dies im Gegensatz zu Einzelprodukten mehr Vorteile aufweist und daher einen höheren Ertrag verspricht. Wenn man selbst aber nur Teile aus diesem Paket herstellen kann, so lässt sich mit Hilfe von Partnern, die die übrigen Leistungskomponenten beisteuern, die eigene Leistung sinnvoll ergänzen. Dadurch vermeidet man es, Dinge zu tun oder Produkte herzustellen, die jenseits der eigenen Profitressourcen liegen. So zu handeln, setzt wiederum voraus, zuvor eine entsprechende strategische Entscheidung getroffen zu haben.

Effizienzgewinn durch Kooperation

Eine der wichtigen Kernaussagen der EKS: Tue als Unternehmer nichts selbst, was andere besser können. Greife lieber durch Zukauf geeigneter Komponenten oder Einbeziehung komplementärer Kooperationspartner auf die Profitressourcen anderer zurück, als durch Verzettelung und wachsende eigene Komplexität an Effizienz zu verlieren.

Durch geschickte Preisverhandlungen verdienen

Nirgendwo lässt sich der Gewinn leichter erhöhen als im Bereich der Preisverhandlungen mit Kunden – und dies häufig einfach durch eine bessere Verkaufsstrategie, ohne dass an den Produkten selbst etwas verändert werden oder mehr Zeit investiert werden müsste.

Bessere Verkaufsstrategie

163

> Darum lohnt sich gerade im Bereich der Verkaufsstrategie die Schulung der Mitarbeiter, damit sie bei Preisverhandlungen mit Kunden effizienter vorgehen. Bereits durch Beachtung einiger einfacher Regeln lässt sich der Verhandlungsspielraum erheblich vergrößern.

Hinderliche Glaubenssätze ausschalten

Es gibt einige Effizienzblocker in Form von Meinungen und Glaubenssätzen, mit denen sich Verkäufer häufig blockieren, z. B.

- „Die Produkte sind zu teuer" bzw. „Der Preis ist zu hoch". Dies ist zwar eine Ansicht, die Kunden oft äußern, aber der Verkaufserfolg hat nur wenig mit dem Preis zu tun. Selbst wenn Sie Ihre Preise um 25 % senken würden, brächten Kunden noch immer diesen Einwand vor. In der Regel geht es den Kunden nicht um das billigste Angebot, sondern um das beste Preis-Leistungs-Verhältnis.
- „Die Produkte sind austauschbar". Auch dies stimmt häufig bei näherer Betrachtung nicht. Bei genauer Analyse finden sich oft wichtige Plus-Punkte, die andere nicht bieten können. Lernen Sie, den Produktnutzen zu erkennen und besser zu kommunizieren.
- „Dieser Kunde ist ein schwieriger Fall" oder „Darauf wird der Kunde nicht eingehen". Mit solchen Einstellungen blockieren Sie ein positives Verhandlungsergebnis. Kunden sind immer wieder anders, aber nicht schwieriger als andere. Worauf sie sich einlassen, ist eine Frage des Verhandlungsgeschicks.

Beispiel Baumaschinen- verkauf

Es führt zum Erfolg, wenn Verkäufer angehalten werden, die Verhandlungtaktiken der Kunden genau zu studieren, damit ihr Fachwissen zu erhöhen und auf dieser Basis ihre Verkaufsstrategie zu verbessern. Dazu ein Beispiel: Bei einem meiner Kunden, einem Baumaschinenhändler, habe ich erlebt, dass im Verkauf von Baumaschinen mit harten Bandagen gekämpft wird, wenn es um Rabatte geht. Die Maschinen – Steinbrechanlagen, Bagger usw. – kosten zwischen 400.000 und einer Million Euro pro Stück. Oft verlangen Kunden beim Kauf einer neuen Maschine Sonderlösungen, die die Maschinen an ihren Spezialbedarf anpassen. Eine Analyse der Verkaufstaktik ergab, dass die Kunden in Anbetracht des hohen Preises der Maschinen nicht bereit waren, für Sonderlösungen, die etwa 30.000 Euro kosteten, mehr zu bezahlen; stattdessen wurde mit der Inzahlungnahme des gebrauchten Gerätes gegengerechnet.

Gerade in den Speziallösungen bestand jedoch ein enormer Komplexitätstreiber für den Baumaschinenhändler, für den er keinen Gegenwert erhielt. Als man dies im Unternehmen erkannte, wurde die Verhandlungsstrategie grundlegend geändert. Stück für Stück wurde in allen Verkaufsverhandlungen bei den Kunden nun das Bewusstsein geschärft, dass Sonderlösungen auch Extrakosten verursachen und daher bezahlt werden müssen. Die Verkäufer achteten sensibler darauf, den Kunden „Ausweichmanöver" bei den Preisverhandlungen zu verbauen. So konnte einerseits die Menge der Sonderlösungen reduziert und andererseits für tatsächlich realisierte Sonderlösungen ein höherer Preis ausgehandelt werden. Auf diese Weise wurde innerhalb von nur sechs Monaten die Gewinnmarge um 8 % gesteigert – und das einfach nur durch *Konzentration* des Verkaufsstabs auf ein effizienteres Vorgehen, ohne Mehrverkauf und ohne höheren Zeiteinsatz!

Hoher Einstiegspreis

Starten Sie bei Preisverhandlungen mit einer hohen Einstiegsforderung anstatt mit Ihrem besten Angebot. So haben Sie einen größeren Spielraum, um im Laufe der Verhandlungen Zugeständnisse machen zu können. Bieten Sie dem Kunden möglichst immer drei Produktvarianten an. Bei zweien hat er Schwierigkeiten sich zu entscheiden und hält meist eine Lösung für die bessere und die andere für die schlechtere; bei dreien jedoch entscheidet er sich meistens für die mittlere Lösung.

> **Erhöhen Sie die Auswahlmöglichkeiten des Kunden in Bezug auf Varianten, Menge, Größe usw. – sonst sucht der Kunde die Auswahl, die er bei Ihnen nicht findet, bei der Konkurrenz.**

Pareto-Prinzip anwenden

Das Pareto-Prinzip gilt auch in Verkaufsverhandlungen. Die kritische Phase liegt dort am Ende des Gesprächs: 80 % aller Zugeständnisse werden in den letzten 20 % der Verhandlungszeit gemacht! Häufig steht der Verkäufer am Ende bereits unter Zeit- oder Termindruck und will schnell den Abschluss holen; manche Käufer wissen das und warten darum mit ihren Forderungen absichtlich bis zum Ende der Verhandlungen. Achten Sie darauf, dass Sie statt am Ende besser zu Anfang ein Zugeständnis machen und auf diese Weise den Kunden positiv einstimmen, anstatt sich am Ende unter Zugzwang setzen zu lassen.

Aufgabe

Wo sehen Sie im Bereich der Verkaufs- und Verhandlungsstrategie in Ihrem Unternehmen Effizienzdefizite?

_____

_____

Was müsste geschehen, um diese abzubauen bzw. bessere Margen zu erzielen?

_____

_____

Einen Vorsprung durch Strategie erreichen Sie in Ihrem Unternehmen, indem Sie alle hier vorgestellten Maßnahmen einsetzen und kombinieren:

▧ Verringern Sie die *Komplexität* in allen nur möglichen Bereichen, indem Sie sich immer wieder fragen: Ist die Komplexität im Hinblick darauf, dass sich mit 20 % des Aufwands bereits 80 % der Ergebnisse realisieren lassen, wirklich nötig?

▧ Wenden Sie die *EKS* an: Decken Sie die für Ihre Leistungserstellung notwendigen Bereiche, die Sie nicht selbst bedienen können, durch Kooperationspartner ab, anstatt sich durch Selbermachen zu verzetteln.

▧ Überprüfen Sie Ihre bisherige *Verkaufsstrategie:* Wo lassen sich mit einfachen Mitteln durch geschickteres Vorgehen der Verkäufer Effizienzpotenziale erschließen?

Erfolg durch Konzentration auf die Profitressource

„Nicht allen alles bieten, sondern wenigen vieles."

ADRIAN STALDER

Die Profitressource herausarbeiten

Genau wie im Bereich der persönlichen Effizienz gibt es auch im Unternehmensbereich eine zentrale Profitressource, die den Wert des Unternehmens für seine Umwelt, für seine Kunden, ausmacht. In der Profitressource lassen sich die vier Effizienzfaktoren Fachwissen, Fähigkeiten, Motivation und Strategie sinnvoll bündeln.

Effizienzfaktoren bündeln

Die zentrale Profitressource im Unternehmen ist die Antwort auf die Fragen: *Warum kaufen die Kunden bei unserem Unternehmen? Was schätzen sie an unseren Produkten bzw. Dienstleistungen? Worin genau besteht der Wert unserer Leistung für unsere Kunden?*

Qualität allein genügt nicht

Häufig ist man geneigt, auf diese Fragen eine vordergründige Antwort zu geben, z. B.: „Die Kunden schätzen die *Qualität* unserer Produkte." Eine Antwort dieser Art führt jedoch nicht weiter, denn sie sagt einerseits nichts über die spezifischen Eigenschaften der Produkte bzw. ihren USP – ihren zentralen Verkaufsvorteil – aus. Und sie ist andererseits viel zu allgemein, denn die Konkurrenz würde haargenau dasselbe antworten. Qualität ist ein *notwendiges,* aber nicht hinreichendes Kriterium aller Produkte, das jeder Käufer zunächst beim Kauf immer unterstellt. Fehlt die erwartete Qualität, so kommt es zu Reklamationen; ist sie vorhanden, kommt es aber deshalb noch längst nicht zu Mehrkäufen. Insoweit reicht Qualität allein nicht aus, um die Profitressource zu definieren.

Die zentrale Profitressource eines Unternehmens lässt sich immer in *einem* klaren und verständlichen Satz ausdrücken. Die Antwort ist nur darum heute oft so schwer zu finden, weil sie im Gewirr der Komplexität – im *Zuviel* der Produkte, der Produktkomponenten, der Informationen, der zu bedienenden Kundengruppen usw. – untergegangen ist.

Die Erfolgsfaktoren sichtbar herausarbeiten

Falls Sie Ihre Profitressource nicht auf Anhieb und in einem Satz ausdrücken können, hilft wiederum eine gründliche quantitative Analyse nach dem 80/20-Prinzip, die die Erfolgsfaktoren deutlich sichtbar werden lässt: *Welche 20 % der Produkte machen 80 % unseres Erfolgs aus? Welche Eigenschaften unterscheiden diese Produkte von den Wettbewerbsprodukten am Markt?*

Die EKS rät dazu, den Blick nicht nur auf Produkte, sondern vor allem auf die Kunden zu richten. Auch dort besteht häufig die Neigung zur Verzettelung: Man bedient zu viele Kunden mit ganz unterschiedlichen Bedürfnissen gleichzeitig. Das wiederum führt zu einer ineffizienten Verschwendung der Ressourcen, weil man zahlreiche verschiedene Produkte, oft noch mit ganz unterschiedlichen Komponenten, gleichzeitig herstellen und verkaufen muss, um allen Käufergruppen mit ihren divergierenden Interessen gerecht zu werden. Auch auf die Kunden muss daher das Pareto-Prinzip angewandt werden, um die wesentlichen Informationen herauszuschälen: *Welche 20 % aller Kunden tragen bereits 80 % zum Ertrag bei?*

Blick auf die Zielgruppe lenken

Diese Analyse lässt sich weiter vertiefen: Kunden kaufen ein Produkt, weil sie einen bestimmten Bedarf haben. *Was haben die 20 %, die bereits den größten Anteil am Ertrag beisteuern, gemeinsam? Welche übereinstimmenden Bedürfnisse haben diese? Und welche Merkmale unserer Produkte entsprechen exakt diesen Bedürfnissen?* Mit der Antwort auf diese Fragen wird dann die Profitressource sichtbar, denn nun ist klar, was den eigentlichen Marktwert des Unternehmens ausmacht.

> **Die Profitressource glasklar und in einem Satz ausdrücken zu können, erfordert, dass man nicht nur seine Produkte, sondern auch seine Zielgruppe und deren Bedarf genau analysiert hat und kennt.**

Konzentration bedeutet nun, sich ganz und gar auf den eigenen Marktwert zu fokussieren: *Wie lässt sich die Profitressource verstärkt in den Fokus des unternehmerischen Handelns rücken?* Andere Produkte, die die erarbeiteten Erfolgsmerkmale nicht aufweisen, sollten reduziert, am besten sogar ganz

Fokussierung auf den Marktwert

weggelassen werden. Außerdem sollte ebenso auf die Bedienung von Kunden oder Kundengruppen verzichtet werden, die nicht in den Kernbereich der eigenen Profitressource fallen, weil deren Wünsche durch die eigenen Produkte nicht optimal oder nur mit zu hohem Aufwand erfüllt werden können. Reduktion und Verzicht auf unrentable Produkte und Kundengruppen sind gleichbedeutend mit der Verringerung von Nebenschauplätzen und Nebentätigkeiten – was wiederum automatisch zu einer Konzentration auf Wesentliches führt. Dies trägt enorm zum Effizienzgewinn im Sinne der Einsparung von Ressourcen wie auch der Erhöhung des Marktwertes bei!

Systematisch die Profitressource in den Fokus des Handelns zu rücken und diese dadurch weiterzuentwickeln, steigert nicht nur Ihre Effizienz, sondern erhöht auch Ihren Marktwert.

Beispiel Porsche

Ein übereinstimmendes Merkmal aller erfolgreichen Unternehmen sämtlicher Branchen ist genau dies: dass sie sich einzig und allein auf ihre Profitressource konzentrieren und auf alles verzichten, was ihr nicht dient. Bereits auf S. 159 wurden einige Unternehmensbeispiele genannt. Hier noch weitere: Unter allen Autoherstellern ist Porsche international mit Abstand der erfolgreichste und immer wieder in der Presse der am meisten herausgestellte. Warum?

Außer Porsche wollen alle übrigen Autohersteller *sämtliche Marktsegmente* mit Produkten abdecken. Egal ob es VW, BMW, Mazda, Fiat oder ein anderer Hersteller ist – sie produzieren vom Kleinwagen über Kompaktwagen, Mittelklasse- und Oberklassewagen bis zu Familiy Vans, Offroadern und Sportwagen *alles*. Jedes Marktsegment wird mit mindestens einem Produkt abgedeckt, häufig in 20 bis 30 unterschiedlichen Ausstattungsvarianten. (Allein vom

VW-Golf gibt es laut Schwacke-Liste 180 Varianten!) Dementsprechend sind auch ganz unterschiedliche Zielgruppen zu bedienen, nämlich Klein- und Durchschnitts- wie auch Großverdiener und Leute mit Spezialbedürfnissen, z. B. Offroader-Fahrer oder Großfamilien. Unter dem Strich führt dies zu einer enormen Verzettelung, weil die begrenzten Unternehmensressourcen auf eine fast unübersehbar große und kaum noch zu beherrschende Produkt- und Kundenvielfalt ausgeweitet werden. Was macht Porsche demgegenüber anders?

Porsche stellt bekanntlich nur Sportwagen der gehobenen Klasse her – sonst nichts. Diese klare Spezialisierung führt dazu, dass man sich auf wenige Produkte beschränken kann, wobei alle Produkte für *ein und dieselbe* Kundengruppe ausgelegt sind. Porsche ist international Marktführer im Bereich der Sportwagen. In den anderen Marktsegmenten ist niemand der übrigen Autohersteller klarer und unangefochtener Marktführer, weil alle verzettelt sind und ineffizient vorgehen. Mit dem Geländewagen *Cayenne* beginnt bei Porsche nun ein neues Experiment; wir werden sehen, wie sich dies langfristig auf den Unternehmenserfolg auswirkt.

Beispiel Oppermann

Der Oppermann Versand stagnierte jahrelang mit seinen Umsätzen bei etwa einer Million Euro. Dann erkannte man die Profitressource des Unternehmens, nämlich Werbe- und Geschenkartikel. Nachdem man sich einzig und allen darauf konzentriert hatte, stieg der Umsatz innerhalb weniger Jahre auf 183 Millionen.

Beispiel Kärcher

Der Gerätehersteller Kärcher aus Winnenden deckte ursprünglich acht Märkte mit 15 Produkten ab. Als das Unternehmen seine Profitressource erkannt hatte, konzentrierte es sich auf einen einzigen Markt mit einer einzigen Produktlinie: Hochdruckreiniger. Heute ist Kärcher weltweit Marktführer im Segment der Hochdruckreiniger. Es ließen sich noch Hunderte von Beispielen aus allen Branchen anführen. Ihnen allen gemeinsam ist:

> Die ausschließliche und konsequente Konzentration auf die Profitressource kann den Marktwert so weit erhöhen, dass ein Unternehmen zum *Marktführer* wird.

Die Fehler und Fallen der Verzettelung

Unternehmen, die ihre zentrale Profitressource nicht kennen, gehen ineffizient vor, was an vier typischen Fehlern zu erkennen ist:

- Man verzettelt sich an Nebenschauplätzen, weil man zu viele Produkte für zu viele Zielgruppen anbietet. Dies zieht Energien ab, die an wichtiger Stelle fehlen.
- Man ahmt einfach die Konkurrenten nach. Nicht zuletzt das Kopieren des Wettbewerbs führt zu der unübersehbaren Vielfalt an ähnlichen und austauschbaren Produkten, die die Käufer nur verwirren, weil sie keinen erkennbaren Nutzen mehr aufweisen.
- Man dreht willkürlich an der Preisschraube.
- Man wildert in fremden Territorien anderer Branchen.

Branchenfremde Produkte anzubieten ...

Letzteres ist ein eher neues Phänomen, das aber mehr und mehr zu beobachten ist. Wenn beispielsweise ein Stromhersteller Autos und Flugreisen anbietet, so ist das genauso ineffizient, als wenn Supermärkte Kleinwagen verkaufen. Denn solches Verhalten ist keine Antwort auf die zentrale Frage: *Warum kaufen die Käufer den Strom von unserem Unternehmen?* Oder: *Warum kaufen die Leute bei uns Lebensmittel?*

... kann unabsehbare Folgen haben

Solches Handeln zeigt, dass man sich seiner Profitressource nicht bewusst ist. Man weicht auf ein fremdes Territorium aus, auf dem man sich nicht auskennt – was unabsehbare Folgen nach sich ziehen kann: Was ist, wenn die Kleinwagen in der Garantiezeit Defekte aufweisen? Soll der Kunde im Lebensmittelgeschäft sein Auto reparieren lassen? Und was passiert, wenn der Flugreisenanbieter in Konkurs geht?

Haftet der Stromkonzern für den Transport der Kunden?
Müssen dann womöglich die Strompreise erhöht werden?

Unternehmen, die nicht auf ihre Profitressourcen konzentriert sind, gehen ineffizient vor, weil sie ihre begrenzten Ressourcen an Nebenschauplätzen einsetzen, die nichts zur Erhöhung ihres Marktwertes beitragen – ja diesen schlimmstenfalls sogar verringern können.

Im Wort „Profitressource" steckt zwar das Wort „Profit", aber trotzdem hat das nichts mit willkürlichen Preiserhöhungen zu tun. Solche Erhöhungen konnte man z. B. in fast allen Restaurants und Schnellimbissen bei Einführung des Euro in Deutschland feststellen. Vielfach wurden die DM-Schilder einfach gegen Euro-Schilder ausgetauscht, ohne dass die Zahlenangaben auf den Schildern entsprechend angepasst worden wären. Aber mehr und mehr blieben die Kunden, die den Schwindel natürlich bemerkten, aus. Es kam zu ganz erheblichen Umsatzrückgängen im Gastronomiegewerbe, die bis heute nicht mehr wettgemacht werden konnten, obwohl die Preise von vielen Betrieben später wieder gesenkt wurden.

Profitressource ≠ Profit

Welches Vorgehen wäre effizienter gewesen? Statt einfach die Preise zu erhöhen, hätten sich die Unternehmen fragen sollen: *Warum kaufen die Kunden bei uns? Was zeichnet unsere Menüs vor denen der Konkurrenz aus? Welche Angebote auf der Speisekarte sind ineffizient, weil die Kunden sie zu wenig bestellen?* Auf diese Weise wäre die Profitressource zum Vorschein gekommen, und man hätte sich voll auf sie konzentrieren und überflüssige Speisen weglassen können. Erfolgreiche Gastronomiebetriebe in aller Welt haben es vorgemacht: *McDonald's* ist ausschließlich durch seine Hamburger groß geworden und *Starbucks* allein durch die Spezialisierung auf Kaffeegetränke – und das, obwohl es schon Hunderte anderer Hamburger- und Kaffeeanbieter auf dem Markt gab.

Beispiel Restaurants

173

> Die Konzentration auf die Profitressource führt zur Einsparung von Mitarbeiterressourcen und Kosten in weniger effizienten Bereichen. Dies wiederum führt dazu, dass man die Produktionskosten senken kann. Trotz gleich hoher Preise wird dann automatisch ein höherer Profit erzielt.

Vorteil des Marktführers Wird ein Unternehmen zum Marktführer, so kann es häufig auch höhere Preise realisieren als Wettbewerber, deren Produkte weniger gefragt sind.

Aufgabe

Können Sie die zentrale Profitressource Ihres Unternehmens in einem Satz formulieren?

_____

_____

Wenn nicht, wie könnten Sie die Profitressource mit Hilfe des 80/20-Prinzips herausarbeiten?

_____

_____

Wie können Sie die Profitressource in das Zentrum Ihres Handelns rücken?

_____

_____

Wo erkennen Sie die Verschwendung von Ressourcen in Neben-schauplätzen, die nichts zum Marktwert Ihres Unternehmens bei-tragen?

_____

_____

Die Konzentration auf die Profitressource ist die einfachste und risikoloseste Form des Unternehmenswachstums, denn sie führt automatisch zur Einsparung von Ressourcen und Kosten in wenig effizienten Bereichen. Außerdem führt sie dazu, dass ein Unternehmen aufgrund seiner erkennbaren Stärken klarer von den Kunden wahrgenom-men wird, was wiederum eine Steigerung der Nachfrage bewirkt.

Interview mit André Thomas Meise, Geschäftsführer von Corporate Express, zum Thema Effizienz

Corporate Express ist der weltweit führende Anbieter von Produkten und Dienstleistungen rund ums Büro *(www.cor-porateexpress.de)*.

Zimmermann: Worin sehen Sie die wichtigsten Herausfor-derungen Ihres Unternehmens für die Zukunft?
Meise: Darin zu überleben, Gewinne zu erzielen und trotz Einsparungen bei den Produktionskosten das Kapital, näm-lich die Belegschaft, motiviert in der Firma zu halten.

Zimmermann: Wodurch ist das möglich – anders gefragt: Wie beabsichtigen Sie sich mit Ihrem Unternehmen gegenüber dem Wettbewerb zu differenzieren, um einen Wettbewerbsvorsprung zu erzielen?

Meise: Generell wollen wir der einzige Anbieter sein, der alle Dienstleistungen für das gewerbliche Büro deutschlandweit aus einer Hand bietet. Innerhalb der einzelnen Sparten oder Dienstleistungsbereiche wollen wir Lösungen bieten, die der Wettbewerb nicht hat oder nicht zu diesen Kosten anbieten kann.

Stellenwert der Effizienz

Zimmermann: Welchen Stellenwert hat aus Ihrer Sicht das Thema Effizienz für Ihr Unternehmen in Bezug auf die Wettbewerbsfähigkeit in der Zukunft?

Meise: In vielen Bereichen hat die Effizienz einen extrem hohen Stellenwert, da wir uns aufgrund der austauschbaren Produkte im Handelsgeschäft nur dann vom Wettbewerb abheben können, wenn die kostengünstige Abwicklung der Aufgaben im Unternehmen, also die Prozess-Effizienz, gewährleistet ist.

Neben der Effizienz ist aber auch das Thema Effektivität wichtig. Denn die Festlegung dessen, was man tut, ist der wichtigere Schritt, bevor man überlegt, wie man das, was man tut, effizient durchführt. Und wenn man mal kritisch betrachtet, wie viele Prozesse optimiert werden, obwohl sie bei einer etwas abstrakteren Betrachtung völlig überflüssig wären, dann muss man sich schon die Frage nach dem Effizienzgrad des Managements stellen.

Schlummernde Effizienzpotenziale

Zimmermann: Wenn Sie Ihr Unternehmen anschauen, können Sie dann schätzen, um wie viel Prozent sich die Effizienz erhöhen ließe, vorausgesetzt, man würde sich konkret damit auseinander setzen?

Meise: Definiert man Effizienz als Leistung pro Zeiteinheit pro Produktionsfaktor, so sind sicher in vielen Bereichen noch erhebliche schlummernde Potenziale vorhanden. Sie sind aber je nach Bereich völlig unterschiedlich und ohne nähere Analyse nicht einschätzbar. Meiner persönlichen Meinung nach sind sicher 10 bis 20 % Effizienzsteigerung – sprich: weniger Kosten bei gleicher Leistung – machbar.

Zimmermann: Welches sind Ihre persönlichen Überlegungen und Strategien, um selbst als Person möglichst effizient zu sein?

Meise: Im Hinblick auf meine Funktion steht wieder die Effektivität im Vordergrund. Da von mir sehr viele unterschiedliche Meinungen und Entscheidungen erwartet werden und ich unmöglich die Zeit habe, mich um jedes einzelne Detail selbst zu kümmern, steht im Mittelpunkt des „Geschäftsführens" die Frage: Um was kümmere ich mich und was lasse ich einfach laufen? Das betrifft die Effektivität. Was dann noch übrig bleibt, muss natürlich mit hoher Effizienz erledigt werden. Dies setzt unter anderem eine gewisse Selbstdisziplin in der Frage der Planung und der Durchführung des Tagesablaufs voraus. Mein persönlicher Schwerpunkt liegt darauf, dass ich mich immer wieder dazu zwingen muss, mir die anstehenden Dinge vor Augen zu führen, neu Prioritäten zu setzen und dann auch mit Konsequenz durchzuhalten.

Zimmermann: Was machen Sie, um nicht nur Ihre persönliche Effizienz, sondern auch die Ihrer Mitarbeiter möglichst hoch zu halten? Ich bin mir bewusst, dass dies ein enorm schwieriges Unterfangen und eventuell auch eine schwierige Frage ist.

Effizienz der Mitarbeiter

Meise: Um die persönliche Effizienz der Mitarbeiter hoch zu halten, muss man grundsätzlich zwei Wege verfolgen: Einmal muss man Effizienz messbar machen und aufzeigen. Das heißt, man braucht ein Benchmarking vergleichbarer Tätigkeiten, um den Mitarbeitern aus der Praxis vor Augen zu führen, was effizient und was weniger effizient ist. Zum anderen muss man die Mitarbeiter motivieren, sich kritisch mit den Unterschieden auseinander zu setzen und diese positiv zu bearbeiten, anstatt Benchmarks oder Produktivitätsvergleiche als Kritik aufzufassen. Sie sind vielmehr Anregungen, um das eigene Verhalten grundsätzlich infrage zu stellen. Letzteres ist sicherlich der schwierigere Punkt, denn das Hinterfragen des eigenen Tuns wird von den meisten Menschen eher als negativ betrachtet. Ein positives Beispiel, wie sich das umsetzen lässt, ist das Zimmermann-Training. Sie legen auf nette, offene, aber schonungslose Art den Finger in die Wunde und führen damit jedem vor Augen, wo er ineffizient arbeitet und wie er seine Produktivität und seinen Mehrwert für die Firma erhöhen kann.

Komplexität und Bürokratisierung

Zimmermann: Inwieweit schätzen Sie das Thema Komplexität und Bürokratisierung als Effizienzkiller ein?

Meise: Dies verstehe ich als rhetorische Frage, da beide Effizienzkiller sind, was eine betriebswirtschaftliche Binsenweisheit ist. Der Schlüssel zur Rationalisierung ist Standardisierung, und die ist immer eine bewusste Komplexitätsreduzierung, da Handlungsalternativen gemieden werden und man sich auf wenige, aber wesentliche Schritte und Prozesse zur Leistungserfüllung konzentriert. Die Effekte eines Verzichts auf z. B. 20 % der Leistungen, der dann unter Umständen zu 80 % Kosteneinsparungen führen kann, sind in vielen Unternehmen bewiesen.

Zimmermann: Welche Rolle spielt die persönliche Effizienz aus Ihrer Sicht für jeden Einzelnen in Bezug auf den eigenen „Marktwert" und seine Zukunftsperspektiven in der freien Wirtschaft?

Meise: Die Bedeutung der persönlichen Effizienz ist für jeden Handelnden nicht nur in der Wirtschaft, sondern sicher auch in der Gesellschaft hoch. Es geht letztendlich darum, mit wie viel persönlichem Aufwand man seine Ziele erreicht oder sich zumindest ein bequemes Leben macht. Denn nicht unbedingt die Fleißigsten haben zum Schluss das beste Ergebnis, sondern manchmal sind es auch die Geschickten, denen es gelingt, ihre Arbeit richtig zu kanalisieren und zur richtigen Zeit die Schwerpunkte zu setzen. Der Marktwert und somit die Zukunftsperspektiven hängen letztendlich von den erzielten Ergebnissen ab.

Interview mit Michael Unmüßig, dem Gesch. Gesellschafter von K + U Printware, zum Thema Effizienz

K + U Printware produziert Tonerkartuschen für Laserdrucker *(www.freecolor.de).*

Zimmermann: Herr Unmüßig, Sie sind heute 33 Jahre alt und seit 14 Jahren selbständig. Sie haben ein Unternehmen aufgebaut, das heute 148 Mitarbeiter hat. Mit den von Ihnen produzierten Tonerkartuschen erzielen Sie 24,8 Millionen Euro Jahresumsatz. Welche Rolle hat die persönliche Effizienz auf Ihrem Karriereweg gespielt?
Unmüßig: Sie ist extrem wichtig. Seit ich mich mit 19 Jahren selbständig gemacht habe, war mein Handeln immer sehr konzentriert auf meine Ziele ausgerichtet. Ich habe mich vor allem nie mit dem Vorhandenen zufrieden gegeben, sondern immer nach neuen Wegen und Vorgehensweisen gesucht.

Zimmermann: Welchen Stellenwert hat aus Ihrer Sicht das Thema Effizienz für ein Unternehmen in Bezug auf die Wettbewerbsfähigkeit in der Zukunft?
Unmüßig: Es ist das A und O! Würden wir heute noch mit dem Wirkungsgrad von vor fünf Jahren arbeiten, wären wir bereits nicht mehr wettbewerbsfähig.

Effizienz = das A und O der Wettbewerbsfähigkeit

Zimmermann: Lassen sich da Beispiele nennen?
Unmüßig: Der Wirkungsgrad unserer Produktion verbessert sich so gut wie permanent durch regelmäßige Optimie-

rung der Prozesse. Im Vertrieb – das wissen Sie ja – haben wir mit Ihnen gemeinsam unser „Edutainment" geschaffen: eine zweitägige Veranstaltung für unsere Händler, zusammengesetzt aus dem Mix Fachwissen, Motivation und Fähigkeiten. Wir messen den Erfolg und erzielen im Schnitt 32,8 % Umsatzsteigerung innerhalb von drei Monaten nach der Veranstaltung.

Zimmermann: Was sind Ihre persönlichen Überlegungen und Strategien, um selbst als Person weiterhin möglichst effizient zu sein?

Unmüßig: Absolute Zielkonzentration und permanente Offenheit für neue Wege und andere Lösungen.

5. Die zentralen Gesetze der Effizienz

1. Das Pareto-Gesetz bzw. 80/20-Gesetz

Nach dem Pareto-Prinzip führt eine *Minderheit* von Ursachen, Energieeinsatz oder Aufwand bereits zu einer *Mehrheit* an Wirkungen, Ergebnissen oder Erträgen, und zwar in allen Bereichen der persönlichen wie auch der unternehmerischen Effizienz. Das Verhältnis kann 20 : 80 betragen, aber ebenso jede andere Verteilung von Prozenten – auch über 100 % – annehmen.

Ein Sonderfall des 80/20-Prinzips ist das 50/5-Prinzip, das hilft, die entscheidenden Faktoren noch genauer zu analysieren. Das 50/5-Prinzip besagt, dass 50 % des Aufwandes (z. B. der Produkte, Kunden, Komponenten, Zulieferer) lediglich 5 % zu den Ergebnissen (zum Umsatz, zu den Gewinnen usw.) beitragen.

Das 50/5-Prinzip

> Das 80/20- und das 50/5-Prinzip helfen zu erkennen, in welchen Bereichen durch zu hohen Aufwand und zu geringen Ertrag Ressourcen verschwendet werden. Es hilft außerdem, die zentralen Erfolgsfaktoren zu erkennen und zu entscheiden, wo sich eine Bündelung der Kräfte aufgrund eines hohen Ertrags lohnt.

2. Das Komplexitätsgesetz

Nach dem Komplexitätsgesetz wächst die Komplexität von Vorgängen, Produkten, Arbeitsprozessen, bürokratischen Regeln, Kundenwünschen usw. exponentiell, und zwar im Quadrat mit den dafür erforderlichen Schritten, Varianten oder Komponenten. Ein Produkt, das aus nur acht Komponenten besteht, hat demnach schon einen Komplexitätsfaktor von $8^2 = 64$.

Gilt für alle Unternehmensbereiche Dieses Gesetz lässt sich auf die Komplexität in allen Unternehmensbereichen anwenden: Unnötige Schritte, Komponenten oder Varianten, die nicht wesentlich zur Leistungserbringung beitragen, sollten vermieden werden.

> Die Effizienz im Unternehmen wächst *exponentiell* in dem Maße, wie Komplexität bei Produkten, Arbeitsprozessen, Regeln usw. vermieden bzw. reduziert wird.

3. Konzentration statt Verzettelung

Konzentration auf das Wesentliche In allen Bereichen der persönlichen Effizienz wie auch derjenigen im Unternehmen ist die Konzentration auf das Wesentliche – auf Profitressourcen, auf Kernkompetenzen, auf wichtige Tätigkeiten und Fähigkeiten – ein entscheidender Faktor der Effizienz. Demgegenüber ist die Verzettelung in Nebentätigkeiten und Nebenschauplätzen ein Effizienzblocker, der unnötig Zeit und Geld verschwendet.

> Konzentrieren Sie sich auf die *erfolgsentscheidenden* Ressourcen in den Bereichen Fachwissen, Fähigkeiten, Motivation und Strategie. Worauf Sie sich konzentrieren, das wird stärker. Konzentration ist der Schlüssel zu Erfolgen aller Art.

4. Spezialisierung auf die Profitressource

Jeder Mensch wie auch jedes Unternehmen hat eine zentrale
Profitressource, die seinen Marktwert ausmacht. Es ist die
Antwort auf die Frage: Wofür werde ich/wird das Unternehmen bezahlt? Welche aller Tätigkeiten, Produkte oder Dienstleistungen stellt den höchsten Wert dar?

**Die erfolgs-
entscheidende
Ressource**

**Es gilt, sich auf diese Profitressource zu spezialisieren und
unter allen Umständen zu konzentrieren, denn dies trägt
zur Erhöhung des Marktwertes bei.**

5. Auf überflüssige Daten und Informationen verzichten

Wir werden heute in allen Bereichen – privat wie im Unternehmen – mit Informationen und Daten „überfüttert". Überall gibt es zu viele Informationen, die auf zu vielen Kanälen
gleichzeitig um unsere Aufmerksamkeit wetteifern. Der
Information Overload zieht Energien ab, die dann bei den
Profitressourcen fehlen.

**Reduzieren und organisieren Sie daher für sich persönlich
wie auch im Unternehmen die Anzahl der Informationen,
indem Sie sie durch geeignete Methoden schneller aufnehmen, systematischer abspeichern, konsequenter löschen –
und sich immer wieder auf die wesentlichen Informationen fokussieren.**

Wesentliche Informationen sind solche, die zur Erweiterung
des Fachwissens, zur Verbesserung der Fähigkeiten und/oder
zum Ausbau der Profitressource beitragen. Alles Übrige ist
fast ausschließlich „Datenmüll".

6. Handeln statt hadern – zupacken statt zögern

Nebenschauplätze kosten Effizienz

Wir sind immer wieder geneigt, an Effizienzblockern „kleben" zu bleiben und dadurch nicht weiterzukommen. Wir lassen uns von schlechten Stimmungen gefangen nehmen, hängen uns an Misserfolgen fest und/oder verbringen zu viel Zeit mit Nebentätigkeiten bzw. Nebenschauplätzen, die nichts zu unserem Marktwert beitragen. Das gilt für Unternehmen genauso wie für den Einzelnen. Solches Verhalten führt dazu, dass wesentliche Dinge aufgeschoben anstatt erledigt werden, was wiederum Energien abzieht und Effizienz kostet.

> Es gilt, durch permanente Fokussierung auf die Profitressource aufkommende Effizienzblocker schnell zu erkennen und auszuschalten – und sich immer wieder neu zum Handeln und Zupacken im Bereich der Profitressourcen zu motivieren.

Literatur

*Beratergruppe Strategie / Wolfgang Mewes (Hrsg.): *Mit Nischenstrategie zur Marktführerschaft.* Strategie-Handbuch für mittelständische Unternehmen. Band 1 und Band 2. Zürich: Orell Füssli, 2000 und 2001.

*Blanchard, Kenneth / William Oncken, Jr. / Hal Burrows: *Der 01-Minuten-Manager und der Klammer-Affe. Wie man lernt, sich nicht zu viel aufzuhalsen.* Reinbek: Rowohlt, 2002.

Brandes, Dieter: *Die 11 Geheimnisse des ALDI-Erfolgs.* Frankfurt: Campus, 2003.

*Brandes, Dieter: *Einfach managen. Klarheit und Verzicht – der Weg zum Wesentlichen.* Frankfurt: Ueberreuter, 2002.

*Covey, Stephen R. / A. Roger Merrill / Rebecca R. Merrill u. a.: *Der Weg zum Wesentlichen. Zeitmanagement der vierten Generation.* Frankfurt: Campus, 5. Aufl. 2003.

Covey, Stephen R.: *Die sieben Wege zur Effektivität. Ein Konzept zur Meisterung Ihres beruflichen und privaten Lebens.* München: Heyne, 5. Aufl. 2002.

*Friedrich, Kerstin / Lothar J. Seiwert / Edgar K. Geffroy: *Das neue 1 x 1 der Erfolgsstrategie. EKS – Erfolg durch Spezialisierung.* Offenbach: GABAL, 8. Aufl. 2002.

Herwig, Ute: *Zeit managen.* München: Gräfe und Unzer, 2001.

Hirzel, Matthias: *Management-Effizienz. Schwerpunkte setzen, Chancen nutzen, Erfolge sichern.* Wiesbaden: Gabler, 4. Aufl. 1989.

Quellen und
*Empfehlungen
für den Leser

*Jensen, Bill: *Einfachheit. Besser, schneller und effektiver arbeiten.* München: Econ, 2000.

Karlöf, Bengt: *Effizienz. Die Balance zwischen Kundennutzen und Produktivität.* München: Hanser, 1999.

*Klug, Sonja: *Konzepte ausarbeiten. Top-Tools für Pläne und Strategien.* München: Financial Times, 2002.

*Koch, Richard: *Das 80/20 Prinzip. Mehr Erfolg mit weniger Aufwand.* Frankfurt: Campus, 1998.

Koenig, Detlef / Susanne Roth / Lothar J. Seiwert: *30 Minuten für optimale Selbstorganisation.* Offenbach: GABAL, 2001.

*Küstenmacher, Werner Tiki / Lothar J. Seiwert: *Simplify your life. Einfacher und glücklicher leben.* Frankfurt: Campus, 10. Aufl. 2003.

Meyer-Odewald, Jens: „*Es herrscht Stillstand. Was VW-Chef Bernd Pischetsrieder über die Arbeitszeiten von morgen denkt.*" In: Hamburger Abendblatt vom 27. 5. 2003, S. 16 f.

*Nagel, Kurt: Erfolg. *Effizientes Arbeiten, Entscheiden, Vermitteln und Lernen.* München: Oldenbourg, 9. Aufl. 2001.

O. Verf.: „*Nur 16 Prozent der Arbeitnehmer in Deutschland sind engagiert am Arbeitsplatz.*" http://www.gallup.de/Mitarbeiterzufriedenheit.html vom 11. 9. 2002.

O. Verf.: „*Ranking Business Week. Deutsche Unternehmen versinken im Mittelmaß.*" http://www.spiegel.de/wirtschaft/0,1518,258141,00.html vom 23. 7. 2003.

O. Verf.: „*Studie zur Arbeitsmoral: Nur jeder Dritte will arbeiten.*" http://www.spiegel.de/wirtschaft/0,1518,213348,00.html vom 11. 9. 2002.

*Scherer, Hermann: *Sie bekommen nicht, was Sie verdienen, sondern was Sie verhandeln.* Offenbach: Gabal, 2002.

*Scheele, Paul R.: *PhotoReading. Die neue Hochgeschwindigkeits-Lesemethode in der Praxis.* Paderborn: Junfermann, 3. Aufl. 1997.

*Seligman, Martin: *Pessimisten küsst man nicht. Optimismus kann man lernen.* München: Droemer Knaur, 2001.

Simon, Walter: „*Effizienzcoaching als Renditemotor. Soft Facts wieder hart machen.*" In: Deutscher Vertriebs- und Verkaufsanzeiger 5/2003.

*Sprenger, Reinhard: *Vertrauen führt.* Frankfurt: Campus, 2002.

*Tracy, Brian: *Das Maximum-Prinzip. Mehr Erfolg, Freizeit und Einkommen – durch Konzentration auf das Wesentliche.* Frankfurt: Campus, 2003.

*Tracy, Brian: *Eat that frog.* Offenbach: GABAL, 2. Aufl. 2002.

Trout, Jack / Steve Rivkin: *Die Macht des Einfachen. Warum komplexe Konzepte scheitern und einfache Ideen überzeugen.* Wien/Frankfurt: Ueberreuter, 1999.

Ueberschaer, Norbert: *Mit Teamarbeit zum Erfolg. So steigern Sie die Effizienz im Unternehmen.* München: Hanser, 2. Aufl. 2000.

Witthuhn, Barbara: „*Mehr Lohn für den Arbeiter bringt nicht unbedingt mehr Leistung für den Arbeitgeber.*" http://www.wissenschaft.de/sixcms/detail.php?id=130078 vom 10. 9. 2002.

Stichwortverzeichnis

Der Autor stellt sich vor

Motto:
Erreiche mehr in gleicher Zeit – durch Effizienz!

Walter Zimmermann machte sich bereits mit 21 Jahren im Finanzvertrieb selbständig und führte mit 24 Jahren 240 Mitarbeiter.

Seit 1993 ist er gefragter Trainer und Vortragsredner zum Thema „Effizienz im Vertrieb", „Führungseffizienz" und „persönliche Effizienz". Er hat unter anderem für ABT Motorsport, debitel, Rohde & Schwarz, BMW, die Sparkasse, Corporate Express und die Nürnberger Versicherung Seminare durchgeführt.

In seinen Seminaren und Vorträgen zeigt Walter Zimmermann auf, wie sich systematisch der Wirkungsgrad von eingesetzter Zeit zum daraus resultierenden Ergebnis erhöhen und damit der „Marktwert" steigern lässt.

Seminar- und Vortragsthemen

- Effizienz, die unbegrenzte Ressource
- So steuern und steigern Sie Ihre persönliche Effizienz
- Die Konzentration auf die effektivsten Ressourcen
- Wie Sie Ihre Effizienz in Einzelbereichen um bis zu 50 % steigern
- Zeitknappheit durch Effizienz lösen
- Der Einfluss der Effizienz auf den Erfolg eines Unternehmens

Kontakt:
Walter Zimmermann
Stotzinger Weg 2
87662 Kaltental
Tel.: 0 83 44/99 16 33
Fax: 0 83 44/99 16 34

info@effizienz.com
www.effizienz.com